小学 **3** 年生 算数

学校の先生がつくった！

テスト式！

点数 UP アップ ドリル

学力の基礎をきたえどの子も伸ばす研究会

根無 信行 著　金井 敬之 編

フォーラム・A

めざせ 100点♪

コピー OK！

ドリルの特長

このドリルは、小学校の現場と保護者の方の声から生まれました。

「解説がついているとできちゃうから、本当にわかっているかわからない…」

「単元のまとめページがもっとあったらいいのに…」

「学校のテストとしても、テスト前のしあげとしても使えるプリント集がほしい！」

そんな声から、学校ではテストとして、またテスト前の宿題として。ご家庭でも、テスト前の復習や学年の総仕上げとして使えるドリルを目指してつくりました。

こだわった2つの特長をご紹介します。

> **1** やさしい・まあまあ・ちょいムズの3種類のレベルのテスト
> **2** 各単元に、内容をチェックしながら遊べる「チェック＆ゲーム」

テストとしても使っていただけるよう、観点別評価を入れ、レベルの表示も🌸で表しました。宿題としてご使用の際は、クラスや一人ひとりのレベルにあわせて配付できます。また、遊びのページがあることで楽しく復習でき、やる気も続きます。

テストの点数はあくまでも評価の一つに過ぎません。しかし、テストの点数が上がると、その教科を得意だと感じたり、好きになったりするものです。このドリルで、算数が好き！得意！という子どもたちが増えていくことを願います。

- -

キャラクターしょうかい

みんなといっしょに算数の世界をたんけんする仲間だよ！

ルパたん
アルパカの子ども。
のんびりした性格。
算数はちょっとだけ苦手
だけど、がんばりやさん！

ピィすけ
オカメインコの子ども。
算数でこまったときは助けて
くれて、たよりになる！

使い方

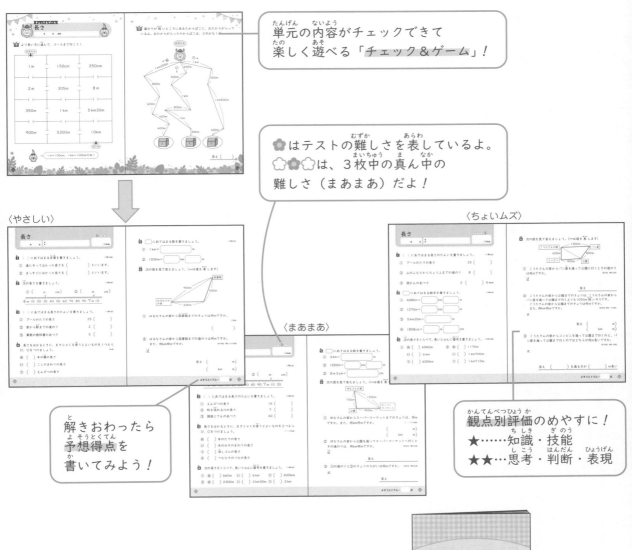

単元の内容がチェックできて
楽しく遊べる「チェック&ゲーム」!

✿はテストの難しさを表しているよ。
✿✿✿は、3枚中の真ん中の
難しさ(まあまあ)だよ!

〈やさしい〉

〈まあまあ〉

〈ちょいムズ〉

解きおわったら
予想得点を
書いてみよう!

観点別評価のめやすに!
★……知識・技能
★★…思考・判断・表現

丸つけしやすい別冊解答!
解き方のアドバイスつきだよ

※単元によってテストが1枚や2枚の場合もございます。
※つまずきやすい単元は、内容を細分化しテストの数を多めにしている場合もございます。
※小学校で使用されている教科書を比較検討して作成しております。お使いの教科書にない単元や問題が
　あることもございますので、ご確認のうえご使用ください。

テスト式！点数アップドリル 算数 3年生 目次

チェック＆ゲーム
かけ算のきまり

月　　日　名前

 たからのありかのヒントがかくれた紙を発見したよ。

3　3　3　3　3　3　3　3　3　3　3　3　3　3

3 × □ = ？

あ　山小屋の中

い　サボテンの下

う　どうくつの中

3　3　3　3　3　3　3　3　3　3　3　3　3　3

 次のページのクイズをとくとわかるようだね。

6

3に何かの数をかけた答えの□に色をぬろう。

3に何かの数をかけた答えの□(ます)に色をぬろう。
たからのありかが絵になって出てくるよ。

1	2	4	5	3	6	8	10	30	11
10	20	11	12	14	5	18	29	33	28
13	17	9	22	19	17	14	30	12	31
19	27	14	23	10	16	10	13	15	32
30	24	12	18	3	12	6	9	21	24
16	10	30	17	19	13	11	30	16	17
11	23	33	14	9	10	22	36	19	10
22	16	18	19	20	17	11	15	14	13
40	41	21	42	30	24	39	30	5	10

3のだんの答えのあとは、
3とびの数だね！

答え（　　　　　　　　　）

7

かけ算のきまり

1 7×8の答えのもとめ方を、下の図のように考えました。
次の ☐ にあてはまる数を書きましょう。　　　　　（☐1つ5点）

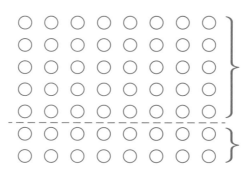

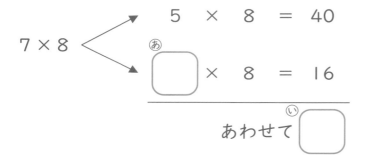

7×8

5 × 8 = 40

⑂ ☐ × 8 = 16

ⓘ あわせて ☐

2 次の計算をしましょう。　　　　　　　　　　（1問5点）

① 8×0　　　　　　　② 0×0

③ 0×7　　　　　　　④ 4×10

⑤ 10×8　　　　　　⑥ 10×0

❸ ◻ にあてはまる数を書きましょう。　　　　　　　　　（1問5点）

① 　8 × ◻ ＝40　　　　② 　3 × ◻ ＝21

③ 　◻ × 4 ＝16　　　　④ 　◻ × 6 ＝54

❹ ◻ にあてはまる数を書きましょう。　　　　　　　　　（1問5点）

① 　3 × 9 ＝ 9 × ◻　　　② 　6 × 5 ＝ ◻ × 6

③ 　3 × 8 ＝ 3 × 7 ＋ ◻　　④ 　4 × 3 ＝ 4 × 4 － ◻

❺ 　1こ10円のあめを7こ買います。
　　　代金は何円ですか。
　　　　　　　　　　　　　　　　　　　　　（式10点、答え10点）

式

答え _____

1 15×4の答えのもとめ方を、下のように考えました。

① □にあてはまる数を書きましょう。　　（□1つ4点）

$$15×4$$

10　×　4　=　⟨あ⟩ □

⟨い⟩ □　×　4　=　⟨う⟩ □

あわせて　⟨え⟩ □

② 上の考え方にあう図はどちらですか。〇をつけましょう。　（10点）

⟨あ⟩（　）

⟨い⟩（　）

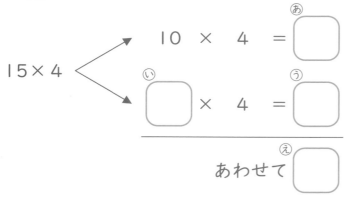

★2 次の計算をしましょう。 （1問4点）

① 6 × 0　　　　　　　② 0 × 5

③ 0 × 0　　　　　　　④ 8 × 10

⑤ 10 × 9　　　　　　⑥ 14 × 0

★3 ◻ にあてはまる数を書きましょう。 （1問5点）

① 8 × ◻ = 56　　　　② 7 × ◻ = 28

③ ◻ × 4 = 0　　　　　④ ◻ × 6 = 42

★4 ◻ にあてはまる数を書きましょう。 （1問5点）

① 4 × 6 = 6 × ◻　　　② 7 × 9 = ◻ × 7

③ 5 × 8 = 5 × 7 + ◻　　④ 9 × 8 = 9 × 9 − ◻

★★5 1本6cmのテープを10本つなぎます。
全部で何cmですか。（つなぎ目は考えません） （式5点、答え5点）

式

答え _____

かけ算のきまり

1 13×5の答えを、あといの2つの考え方でもとめました。

① □ にあてはまる数を書きましょう。 （全部できて10点）

　あ　13を10と3に分けてもとめます。

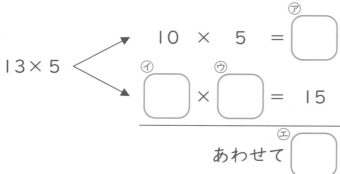

$$13×5 \begin{cases} 10 × 5 = \boxed{ア} \\ \boxed{イ} × \boxed{ウ} = 15 \end{cases}$$

あわせて $\boxed{エ}$

　い　13の5こ分と考えてたし算でもとめます。 （全部できて10点）

$\boxed{} + \boxed{} + \boxed{} + \boxed{} + \boxed{} = \boxed{}$

② ①のあの考え方を図に表します。
　右の図に―（線）をかき入れましょう。 （10点）

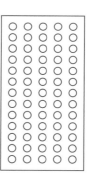

2 次の計算をしましょう。 （1問5点）

① 2×0

② 0×5

③ 9×10

④ 10×7

3 ☆ □ にあてはまる数を書きましょう。　　　　　　　　　（1問5点）

① 9 × □ = 63　　　　② 8 × □ = 72

③ □ × 5 = 50　　　　④ □ × 8 = 48

4 ☆ □ にあてはまる数を書きましょう。　　　　　　　　　（1問4点）

① 12 × 5 = □ × 5 + 4 × 5

② 5 × 9 = 5 × 8 + □

③ 8 × 8 = 8 × 9 − □

④ 4 × 9は、5 × 9より □ 小さい。

⑤ 8 × 10は、8 × 9より □ 大きい。

5 ☆☆ 1さつ10mmの本を8さつならべます。
はばは全部で何cmになりますか。　　　　　　　（式5点、答え5点）

式

答え _____

👑 くまおさんは公園で遊んでいたよ。お母さんから、「5時になったら帰っておいで」と言われていたよ。
　いつも5時ぴったりに流れる放送が聞こえたとき、公園の時計は4時53分をさしていたよ。

公園

午後5時に
なりました

くまお

公園の時計は、どれだけずれていたのかな？
あてはまる方に〇をつけよう。

① 公園の時計は、（ 13分 ・ 7分 ） ずれている。

② 公園の時計は、（ おくれている ・ 早い ）。

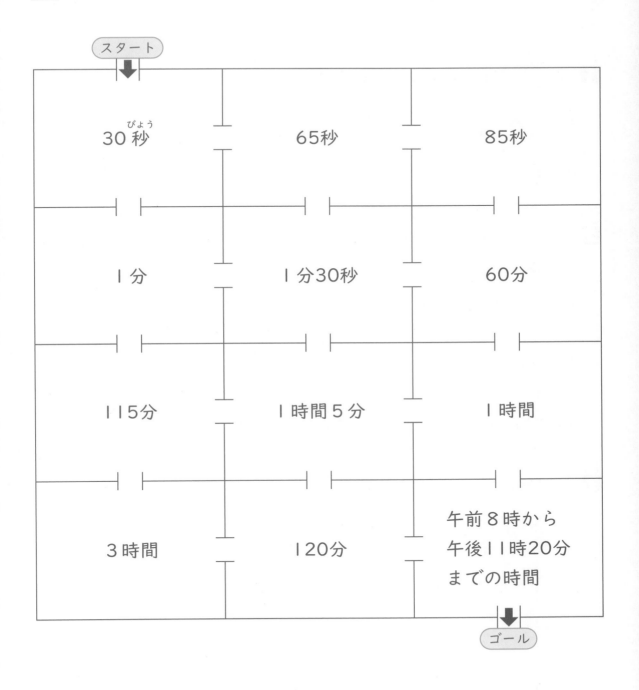

スタート

30秒	65秒	85秒
I分	I分30秒	60分
II5分	I時間5分	I時間
3時間	120分	午前8時から午後II時20分までの時間

ゴール

時こくと時間

| 月 | 日 | 名前 | /100点 |

1 ▢にあてはまる数を書きましょう。 （1問10点）

① 1分 = ▢ 秒

② 80秒 = ▢ 分 ▢ 秒

2 （ ）にあてはまる時間のたんい（時間・分・秒）を書きましょう。 （1問5点）

① じゅ業の時間　　　　　　　　45（　　　　　）

② 学校にいる時間　　　　　　　　7（　　　　　）

③ 50mを走るのにかかる時間　　10（　　　　　）

3 次の時間をもとめましょう。 （1問5点）

① 30分と10分をあわせた時間　　（　　　　　　　　　）

② 1時間20分と30分をあわせた時間

（　　　　　　　　　）

③ 午後5時40分から午後5時55分までの時間

（　　　　　　　　　）

4 今、3時10分です。次の時こくをもとめましょう。 (1問10点)

① 40分後　　　（　　　　　　　　　　　　　）

② 40分前　　　（　　　　　　　　　　　　　）

5 次の時こくや時間をもとめましょう。 (1問10点)

① みくさんは、家を午後3時10分に出て、20分歩いて公園に着きました。公園に着いた時こくは何時何分ですか。

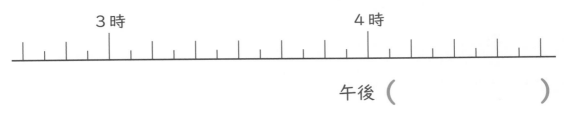

午後（　　　　　　　　　　　　）

② そうたさんは、午後4時15分から午後4時50分までサッカーをしました。サッカーをしていた時間は何分ですか。

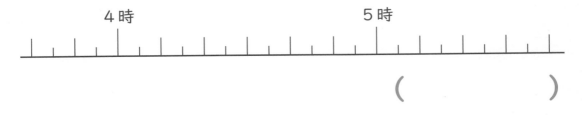

（　　　　　　　　　　　　）

③ はやとさんは、30分電車に乗って午前11時40分に遊園地に着きました。電車に乗った時こくは何時何分ですか。

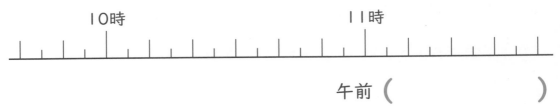

午前（　　　　　　　　　　　　）

時こくと時間

1 ☐ にあてはまる数を書きましょう。　　　　　　　（1問10点）

① １分 = ☐ 秒

② １30秒 = ☐ 分 ☐ 秒

2 （　）にあてはまる時間のたんいを書きましょう。　　（1問5点）

① サッカーのし合時間　　　　　　　　90 （　　　　）

② 夜にねていた時間　　　　　　　　　 9 （　　　　）

③ 手あらいをする時間　　　　　　　　30 （　　　　）

3 次の時こくをもとめましょう。　　　　　　　　（1問5点）

① 50分後　（　　　　　　　　　　）

② 50分前　（　　　　　　　　　　）

4 次の時間をもとめましょう。　　　　　　　　　（1問5点）

① 30分と15分をあわせた時間　　　（　　　　　　　　　）

② １時間50分と30分をあわせた時間

（　　　　　　　　　）

5 次の時間をもとめましょう。 （1問5点）

① 午後5時20分から午後5時45分までの時間

（　　　　　　　　　　　）

② 午後6時55分から午後7時40分までの時間

（　　　　　　　　　　　）

③ 午前9時から午後1時20分までの時間

（　　　　　　　　　　　）

6 次の時こくや時間をもとめましょう。 （1問10点）

① みゆうさんは、家を午前8時5分に出て、20分歩くと学校に着きました。学校に着いた時こくは何時何分ですか。

（　　　　　　　　　　　　　　　）

② けいたさんは、午後4時50分から午後6時10分まで野球の練習をしました。野球の練習をしていた時間は何時間何分ですか。

5時　　　　　　　　　　　　　6時

（　　　　　　　　　　　）

③ まいさんは、40分バスに乗って午前10時10分に動物園に着きました。バスに乗った時こくは何時何分ですか。

9時　　　　　　　　　　　10時

（　　　　　　　　　　　）

時こくと時間

1 ☐ にあてはまる数を書きましょう。　（1問5点）

① 2分 = ☐ 秒

② 230秒 = ☐ 分 ☐ 秒

③ 1時間15分 = ☐ 分

2 （　）にあてはまる時間のたんいを書きましょう。　（1問5点）

① 太陽がのぼってしずむまでの時間　　12（　　　）

② テレビのコマーシャルの時間　　15（　　　）

③ きゅう食の時間　　45（　　　）

3 次の時こくをもとめましょう。　（1問5点）

① 1時間20分後　（　　　　　　　）

② 1時間20分前　（　　　　　　　）

4 次の時こくをもとめましょう。　（1問5点）

① 午前10時15分の1時間40分前　（　　　　　　　）

② 午後2時27分の1時間30分後　（　　　　　　　）

5 次の時間をもとめましょう。 （1問5点）

① 30分と40分をあわせた時間 　　（　　　　　　　　）

② 午後5時40分から午後8時10分までの時間

　　　　　　　　　　　　　　　　（　　　　　　　　）

6 次の時こくや時間をもとめましょう。 （1問10点）

① まやさんは、学校を午後3時45分に出て、20分歩くと家に着きました。家に着いた時こくは何時何分ですか。

　　　　　　　　　　　　　　（　　　　　　　　）

② さとしさんは、午後4時50分から午後6時30分までラグビーの練習をしました。ラグビーの練習をしていた時間は何時間何分ですか。

　　　　　　　　　　　　　　（　　　　　　　　）

③ れいなさんは、1時間20分バスに乗って、水族館に午前10時10分に着きました。バスに乗った時こくは何時何分ですか。

　　　　　　　　　　　　　　（　　　　　　　　）

④ ひでとさんは、おじいさんの家に行きました。ひでとさんの家から25分歩いて駅まで行き、そのあと電車に30分乗っておじいさんの家のもより駅に着いたとき、午前11時58分でした。家を出た時こくは何時何分ですか。

　　　　　　　　　　　　　　（　　　　　　　　）

わり算

 次の、は、どちらも12÷4のわり算で答えをもとめるよ。
どこがちがうかわかるかな？

12このクッキーを4人で分けます。 1人分は何こになりますか。	12このクッキーを4こずつ分けます。 何人に分けられますか。

図にすると…

＜4人で＞

答え　3こ

＜4こずつ＞

答え　3人

 同じ式でも、分け方がちがってたんいもちがうね！

クイズ　次のわり算は上の、のどちらと同じ分け方かな？

シールが20まいあります。 1人に5まいずつ分けると、 何人に分けられますか。

（　　　　　）

わり算の答えが、1、2、3、4、5、……と1ずつふえてい
く道を通って、ゴールまで行こう！

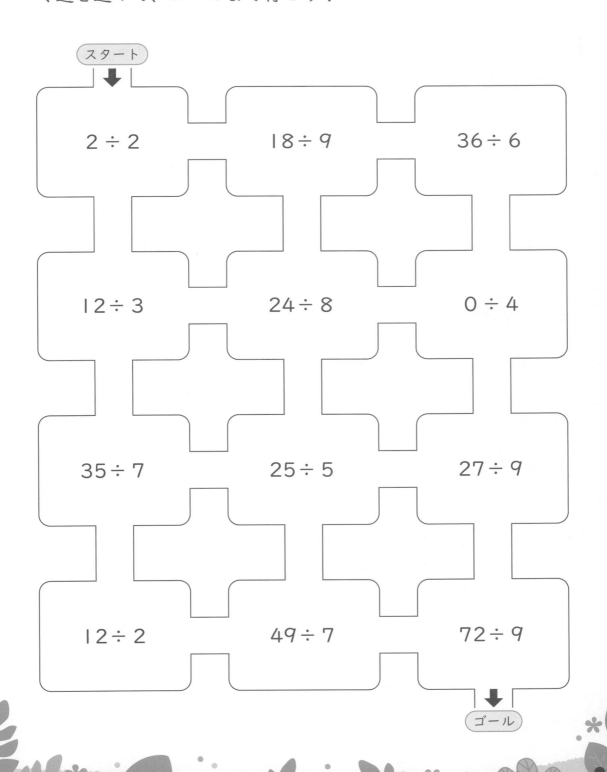

わり算

月　　日　名前 　　　　　　　　　　　　　　　　　/100点

1　15このぎょうざがあります。5人で同じ数ずつ分けると、1人分が何こになるか考えます。

①　□にあてはまる数を書きましょう。　　　　　　　　　（□1つ5点）

〈1人1こずつのとき〉　　1　×　□　＝5こ　（まだ分けられる）

〈1人2こずつのとき〉　　2　×　5　＝10こ　（まだ分けられる）

〈1人3こずつのとき〉　□　×　5　＝15こ　（分けきった）

②　何のだんの九九を使って考えましたか。　　　　　　　（5点）

（　　　　のだん）

③　わり算の式で表しましょう。　　　　　　　　　（両方できて5点）

15÷□＝□

2　わり算の答えをたしかめます。
□にあてはまる数を書きましょう。　　　　　　　　（5点）

56÷8＝7　　　　〈たしかめ〉　8×□＝56

24

3 次の計算をしましょう。 （1問5点）

① 4÷2　　② 12÷3　　③ 30÷6

④ 64÷8　　⑤ 9÷1　　⑥ 0÷7

⑦ 5÷5

4 いちごが20こあります。
4人で分けると、1人分は何こになりますか。 （式10点、答え10点）

式

答え _____

5 45まいのおり紙を、5まいずつのたばにします。
いくつのたばができますか。 （式10点、答え10点）

式

答え _____

わり算

月　日　名前　　　　　　　　　　　　　　　/100点

1 次のわり算の答えは、何のだんの九九を使ってもとめればよいですか。

（1問5点）

① 48 ÷ 6　　　　　　② 27 ÷ 9

（　　のだん）　　　　　　（　　のだん）

2 次の計算をしましょう。

（1問5点）

① 6 ÷ 3　　　② 28 ÷ 4　　　③ 40 ÷ 8

④ 56 ÷ 7　　　⑤ 49 ÷ 7　　　⑥ 8 ÷ 1

⑦ 5 ÷ 5　　　⑧ 0 ÷ 6

3 わり算の答えをたしかめます。
　□にあてはまる数を書きましょう。

（それぞれ両方できて5点）

あ 54 ÷ 6 = 9

　〈たしかめ〉　6 × □ = □

い 45 ÷ 9 = 5

　〈たしかめ〉　9 × □ = □

4 花たばに、花が30本たばねられています。
6人で分けると、1人分は何本になりますか。 (式5点、答え5点)

式

答え _____

5 72まいのおり紙を、8まいずつのたばにします。
いくつのたばができますか。 (式5点、答え5点)

式

答え _____

6 12÷4の式になる問題を2つえらび、○をつけましょう。

(○1つ10点)

あ （ ）12Lの水をバケツに4リットルずつ入れるとき、バ
ケツはいくついりますか。

い （ ）12人に4こずつおかしを分けます。おかしは何こ
いりますか。

う （ ）12cmのリボンを同じ長さずつ4本に切ると、1本
の長さは何cmになりますか。

え （ ）赤色と黄色のチューリップが12本さいています。
赤色のチューリップは4本です。黄色のチューリップ
は何本さいていますか。

わり算

月　日　名前　　　　　　　　　　　/100点

1 次のわり算の答えは、何のだんの九九を使ってもとめればよいですか。　　　　　　　　　　　　　　（1問5点）

① 48÷8　　　　　　② 63÷7

（　　のだん）　　　　（　　のだん）

2 次の計算をしましょう。　　　　　　　　　　　　（1問4点）

① 56÷8　　　② 28÷7　　　③ 30÷6

④ 63÷9　　　⑤ 42÷7　　　⑥ 6÷6

⑦ 10÷1　　　⑧ 0÷5　　　⑨ 48÷2

⑩ 90÷3

3 わり算の答えをたしかめます。
　□にあてはまる数を書きましょう。　　（それぞれ全部できて5点）

あ 48÷8 ＝ □

　〈たしかめ〉　□ × □ ＝48

い 72÷9 ＝ □

　〈たしかめ〉　9 × □ ＝ □

4 チョコレートが、ふくろに36こ入っています。
6人で分けると、1人分は何こになりますか。 (式5点、答え5点)

式

答え _____

5 54本の花を、9本ずつのたばにします。
いくつのたばができますか。 (式5点、答え5点)

式

答え _____

6 40人が同じ数ずつ5つのグループに分かれます。
1グループ何人になりますか。 (式5点、答え5点)

式

答え _____

7 35÷7の式になる問題をつくります。
◯ にあてはまる数や言葉を書きましょう。 (それぞれ全部できて5点)

① クッキーが、⑤ [　　　] まいあります。同じ数ずつ

⑥ [　　　] 人に分けると、⑤ [　　　] は何こになりますか。

② クッキーが、⑤ [　　　] まいあります。1人に

⑥ [　　　] まいずつ分けると、⑤ [　　　] に分けられますか。

たし算とひき算の筆算

月　　日　名前

👑 筆算(ひっさん)で、同じ記号(きごう)のところには同じ数字が入るよ。
かくれた数字は何かな？

①		4	8
+	6	★	★
	★	2	5

②	♥	2	9
+	8	♥	7
1	4	9	♥

③	8	◆	◆
−	◆	0	0
	◆	◆	◆

④	6	0	0
−		4	♠
	♠	♠	♠

⑤	1	♣	♣	♣
−		4	6	♣
		5	4	♣

わかるところから考えて、同じ数字が
入るかたしかめてみよう！

★ = (　　　　)　　♥ = (　　　　)　　◆ = (　　　　　)

♠ = (　　　　)　　♣ = (　　　　)

2 暗号の手紙だよ。

計算して、ヒントの文字を入れて読んでみよう！

夏休みに、いっしょに

$192+408$ ・ $205+426$ ・ $268+17$
①　　　　　　　②　　　　　　　③

$780-3$ ・ $637-271$
④　　　　　　　⑤

をしたいな。今からドキドキ！

- -

ヒント

285	366	600	631	700	777
だ	し	き	も	ぷ	め

★計算スペース★

	①	②	③	④	⑤
答え					
言葉					

たし算とひき算の筆算

| 月 | 日 | 名前 | | /100点 |

1 345＋107の計算をします。
　　□にあてはまる数を ⸝⸝からえらんで書きましょう。

（□1つ5点）

```
  3 4 5
+ 1 0 7
```

一の位 の計算をすると、5＋7＝12

　ⓐ[　　　]の位に1くり上げる。

十の位の計算をすると、ⓘ[　　　]＋4＋0

＝ ⓤ[　　　]

百の位の計算をすると、3＋1＝4

答えは ⓔ[　　　]。

| 1 | ＋ | 452 | 5 |

2 次の計算をしましょう。

（1問5点）

```
① 2 3 5
 +6 1 4
```

```
② 4 1 6
 +2 7 9
```

```
③ 3 5 6 0
 +  4 3 9
```

```
④ 7 3 4
 -4 2 1
```

```
⑤ 1 9 3
 -  8 9
```

```
⑥ 9 6 8 0
 -5 3 4 5
```

32

❸ 次の計算で、正しいものには〇を、まちがっているものには正しい答えを（　）に書きましょう。

（1問5点）

①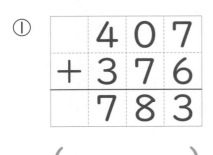

```
  4 0 7
+ 3 7 6
  7 8 3
```

（　　　　）

②
```
  1 9 3 9
-   8 7 9
  1 1 6 0
```

（　　　　　　）

❹ 赤い色紙が145まい、青い色紙が203まいあります。
あわせて何まいありますか。

（式10点、答え10点）

式

答え

❺ 270円のケーキを買うのに、520円出しました。
おつりはいくらになりますか。

（式10点、答え10点）

式

答え

たし算とひき算の筆算

⭐**1** 628−487の計算をします。

　　□ にあてはまる数を書きましょう。　　　（□1つ5点）

```
  6 2 8
− 4 8 7
────────
```

一の位の計算をすると、8−7＝1

十の位の計算をすると、

百の位から ⓐ[　　　] くり下げて、

ⓘ[　　　] − 8 ＝ ⓤ[　　　]

百の位の計算をすると、

ⓔ[　　　] − 4 ＝ ⓞ[　　　]

答えは ⓚ[　　　]。

⭐**2** 次の計算をしましょう。　　　（1問5点）

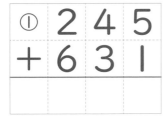

```
①  2 4 5      ②  7 1 6      ③  3 5 6 0
 + 6 3 1       + 2 8 9       +   4 4 9
─────────     ─────────     ───────────
```

```
④  5 3 4      ⑤  7 0 6      ⑥  6 0 0 3
 − 5 1 2       − 1 8 9       − 4 7 5 5
─────────     ─────────     ───────────
```

❸ 次の計算で、正しいものには〇を、まちがっているものには正しい答えを（　）に書きましょう。 (1問5点)

①
```
  3 3 7 2
+ 4 6 8 5
  8 0 5 7
```
（　　　　　　　）

②
```
  4 0 2 7
- 1 9 7 7
  2 1 6 0
```
（　　　　　　　）

❹ きのうの動物園の入場者数は、大人3560人、子どもが5930人でした。あわせると何人になりますか。 (式5点、答え5点)

式

答え _____

❺ 384円のケーキを買って、1000円はらいました。
おつりはいくらになりますか。 (式5点、答え5点)

式

答え _____

❻ A町には572人、B町には703人住んでいます。
住んでいる人の数は、どちらの町が何人多いですか。 (式5点、答え5点)

式

答え _____

たし算とひき算の筆算

月　日　名前　　　　　　　　／100点

1 次の計算を筆算でしましょう。　　　　　　　（1問5点）

① 174＋671

② 94＋728

③ 478＋559

④ 643－373

⑤ 306－257

⑥ 9999－6472

⑦ 306＋2534

⑧ 7308－679

2 次の計算で、正しいものには○を、まちがっているものには正しい答えを（　）に書きましょう。　　　　　　　（1問5点）

①
```
   5647
 ＋2376
   8013
```
（　　　　）

②
```
   3004
 －  987
   2017
```
（　　　　）

❸ 日曜日に遊園地に来た客の数は、大人2350人、子どもが5692人でした。

200人のスタッフをあわせると、遊園地には何人の人がいたことになりますか。 (式5点、答え5点)

式

答え _____

❹ 148円のスナックがしと256円のクッキーを買います。

500円出すと、おつりはいくらになりますか。 (式10点、答え10点)

式

答え _____

❺ 157円のチョコレートを、500円を出して買いました。

すると、お店の人がおつりを350円にしてくれました。

何円おまけしてくれましたか。 (式10点、答え10点)

式

答え _____

チェック & ゲーム

長さ

月　　日　名前

👑 **1** より長い方に進んで、ゴールまで行こう！

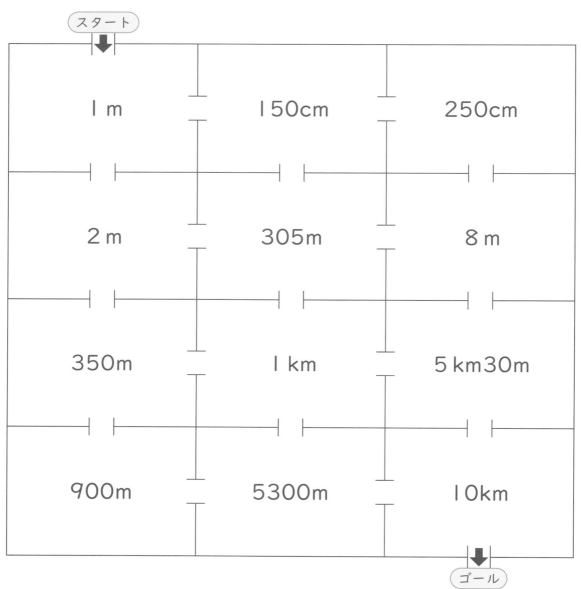

スタート

1 m	150cm	250cm
2 m	305m	8 m
350m	1 km	5 km30m
900m	5300m	10km

ゴール

1 m＝100cm、1 km＝1000mだね！

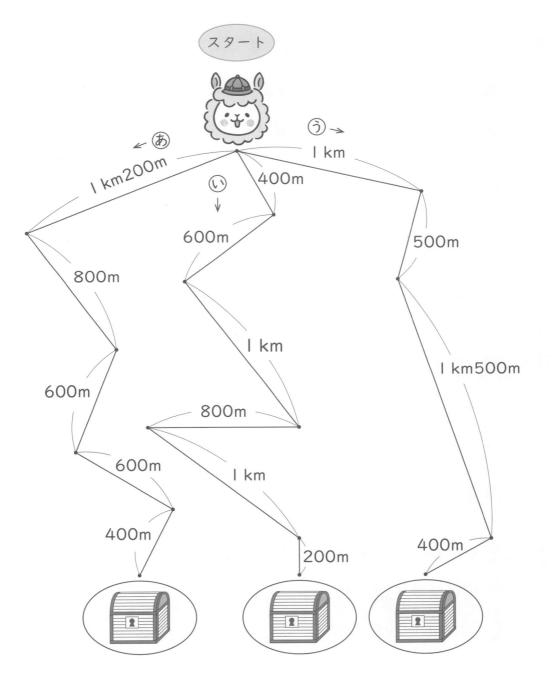

2 道のりが短いところにあるたからばこに、おたからが入っているよ。おたからが入ったたからばこは、どれかな！？

答え（　　　　　）

長さ

1　（　）にあてはまる言葉を書きましょう。　(1問10点)

① 道にそってはかった長さを（　　　　　　　）といいます。

② まっすぐにはかった長さを（　　　　　　　）といいます。

2　次の長さを書きましょう。　(1問5点)

①（　　m　　cm）　　②（　　m　　cm）

6m 10 20 30 40 50 60 70 80 90 7m 10

3　（　）にあてはまる長さのたんいを書きましょう。　(1問5点)

① プールのたての長さ　　　　　25（　　　　　）

② 家から駅までの道のり　　　　2（　　　　　）

③ 算数の教科書のあつさ　　　　5（　　　　　）

4　長さをはかるときに、まきじゃくを使うとよいものを1つえらび、○をつけましょう。　(5点)

あ（　　）本の横の長さ

い（　　）こしのまわりの長さ

う（　　）えんぴつの長さ

5 □ にあてはまる数を書きましょう。 (1問5点)

① 1km＝ [   ] m

② 1500m＝ [   ] km [   ] m

6 次の図を見て答えましょう。(―は道を表します)

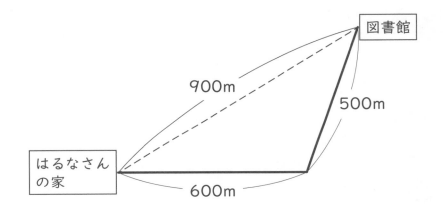

① はるなさんの家から図書館までのきょりは何mですか。

(10点)

(   )

② はるなさんの家から図書館までの道のりは何mですか。
また、何km何mですか。

(式10点、答え1つ10点)

式

答え (m)

(km   m)

長さ

1 次の長さを書きましょう。　　　　　　　　　　　　　　　（1問5点）

① （　　　m　　　cm）　　　② （　　　m　　　cm）

10　20　30　40　50　60　70　80　90　7m　10　20

2 （　）にあてはまる長さのたんいを書きましょう。　　（1問5点）

① えんぴつの長さ　　　　　　　　16（　　　　　）

② 町を流れる川の長さ　　　　　　7（　　　　　）

③ 国語じてんのあつさ　　　　　　40（　　　　　）

3 長さをはかるときに、まきじゃくを使うとよいものを2つえらび、〇をつけましょう。　　　　　　　　　　　　　　　　（〇1つ5点）

あ（　　）本のたての長さ

い（　　）木のみきのまわりの長さ

う（　　）消しゴムの長さ

え（　　）つなひきのつなの長さ

4 次の長さをくらべて、長いじゅんに番号を書きましょう。　（1問5点）

① あ（　　）660m　　い（　　）6km　　う（　　）6006m

② あ（　　）2300m　　い（　　）2km30m　　う（　　）2km

5 ☐ にあてはまる数を書きましょう。 （1問5点）

① 3km = ☐ m

② 1050m = ☐ km ☐ m

③ 8m3cm = ☐ cm

6 次の図を見て答えましょう。（—は道を表します）

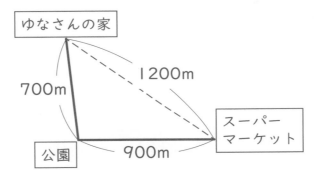

① ゆなさんの家からスーパーマーケットまでのきょりは、何m
ですか。また、何km何mですか。 （（ ）1つ10点）

（ m）

（ km m）

② ゆなさんの家から公園を通ってスーパーマーケットへ行くと
きの道のりは、何km何mですか。 （式5点、答え5点）

式

答え _____

③ ①の道のりと②のきょりのちがいは何mですか。 （式5点、答え5点）

式

答え _____

長さ

月　　　日　名前　　　　　　　　　　　　　　　　　　　　　　／100点

☆ ☆ 🐾

1 （　）にあてはまる長さのたんいを書きましょう。　(1問5点)

① プールのたての長さ　　　　　　　　　25（　　　　　）

② 山のふもとからちょう上までの道のり　　8（　　　　　）

③ 図かんのあつさ　　　　　　　　　　　2（　　　　　）5mm

2 □ にあてはまる数字を書きましょう。　(1問5点)

① 4080m ＝ ［　　　］km ［　　　］m

② 1270m ＝ ［　　　］km ［　　　］m

③ 5km20m ＝ ［　　　］m

④ 1808cm ＝ ［　　　］m ［　　　］cm

3 次の長さをくらべて、長いじゅんに番号を書きましょう。　(1問10点)

① あ（　　）6060m　　　② あ（　　）1170m

　 い（　　）6km　　　　　 い（　　）1km700m

　 う（　　）6006m　　　　 う（　　）1km710m

44

4 次の図を見て答えましょう。（―は道を表します）

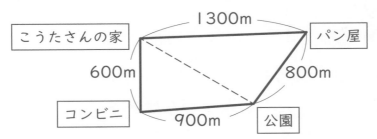

① こうたさんの家からパン屋を通って公園に行くときの道のりは何mですか。

(式5点、答え5点)

式

　　　　　　　　　　　　答え _____

② こうたさんの家から公園までのきょりは、こうたさんの家からパン屋を通って公園まで行くよりも1050m短いそうです。
　　こうたさんの家から公園までのきょりは何mですか。
　　また、何km何mですか。

(式5点、答え1つ5点)

式

　　　　　　　　　答え （　　　　　　　　　 m）
　　　　　　　　　　　　（　　　km　　　　m）

③ こうたさんの家からコンビニを通って公園まで行くのと、パン屋を通って公園まで行くのではどちらが何m長いですか。

(式10点、答え10点)

式

　　答え　（　　　　　　　）を通る方が（　　　　　　　）m長い

あまりのあるわり算

月　　日　名前

👑 6 ÷ 2 ＝ 3 のように、あまりが出ない式（しき）だけを通っていくと、ゲットできないくだものが1つだけあるよ。

ゲットできないくだものは何かな？

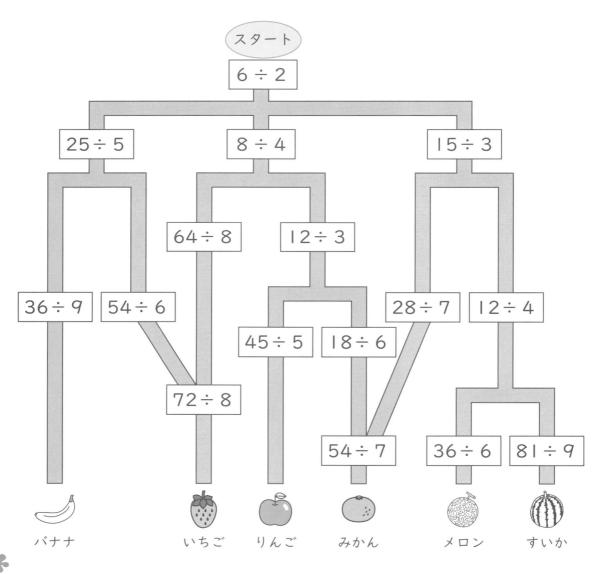

答え（　　　　　　　　　）

2 あまりのあるわり算の式を通って、あまりをもとめ、通った部屋の文字を<u>あまりの小さいじゅんにならべよう</u>！

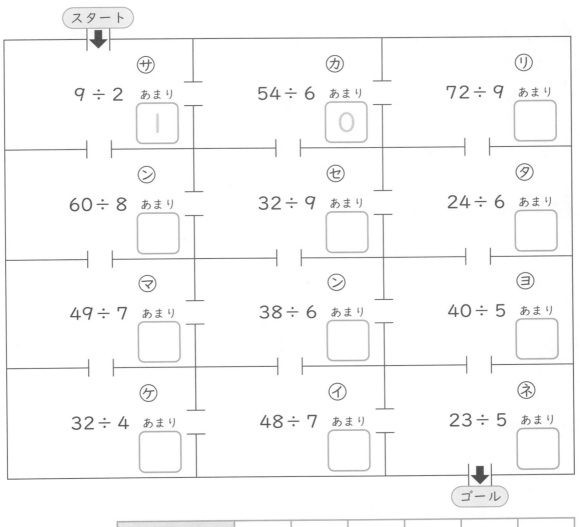

スタート

サ	カ	リ
9 ÷ 2 あまり □ 1	54 ÷ 6 あまり □ 0	72 ÷ 9 あまり □

ン	セ	タ
60 ÷ 8 あまり □	32 ÷ 9 あまり □	24 ÷ 6 あまり □

マ	ン	ヨ
49 ÷ 7 あまり □	38 ÷ 6 あまり □	40 ÷ 5 あまり □

ケ	イ	ネ
32 ÷ 4 あまり □	48 ÷ 7 あまり □	23 ÷ 5 あまり □

ゴール

あまりの数	1	2	3	4	5	6
文字						

あまりが出ないわり算のときは、「わり切れる」というよ。

あまりのあるわり算

1 次のわり算で、わり切れるものには○を、わり切れないものには×をつけましょう。

(（　）1つ5点)

① （　　）28 ÷ 7 　　　　② （　　）56 ÷ 6

③ （　　）18 ÷ 5 　　　　④ （　　）48 ÷ 8

2 次の計算をしましょう。

(1問5点)

① 7 ÷ 2 　　　　　　② 9 ÷ 4

③ 13 ÷ 4 　　　　　　④ 17 ÷ 5

⑤ 31 ÷ 6 　　　　　　⑥ 45 ÷ 7

⑦ 69 ÷ 8 　　　　　　⑧ 42 ÷ 9

⑨ 56 ÷ 6 　　　　　　⑩ 65 ÷ 7

3 わり算の答えをたしかめます。
　　□にあてはまる数を書きましょう。　　　　　　　　　（1問5点）

① 26÷4＝6あまり2

　〈たしかめ〉　4×6＋□＝□

② 59÷7＝8あまり3

　〈たしかめ〉　7×□＋3＝□

4 28このいちごを、5人に同じ数ずつ分けます。
　　1人分は何こで、何こあまりますか。　　　　　（式5点、答え5点）

式

　　　　　　　答え　1人分は（　　　　　）で（　　　　　）あまる

5 35このクッキーを4こずつふくろに入れます。
　　何ふくろできて、何こあまりますか。　　　　　（式5点、答え5点）

式

　　　　　　　答え　（　　　　　）できて（　　　　　）あまる

あまりのあるわり算

月　日　　名前　　　　　　　　　　　　　　　　　　　／100点

1 次の計算をしましょう。 （1問5点）

①　8 ÷ 3　　　　　　　　　②　11 ÷ 5

③　29 ÷ 4　　　　　　　　④　44 ÷ 6

⑤　38 ÷ 8　　　　　　　　⑥　31 ÷ 9

⑦　23 ÷ 6　　　　　　　　⑧　62 ÷ 9

2 次のわり算の答えが正しければ○を、まちがっていれば正しい
答えを（　）に書きましょう。 （1問10点）

①　42 ÷ 5 ＝ 8 あまり 2　　（　　　　　　　　　）

②　37 ÷ 6 ＝ 5 あまり 7　　（　　　　　　　　　）

3 わり算の答えをたしかめます。
　□にあてはまる数を書きましょう。 （それぞれ全部できて5点）

①　51 ÷ 9 ＝ 5 あまり 6

　　〈たしかめ〉　9 × □ ＋ □ ＝ □

②　29 ÷ 8 ＝ 3 あまり 5

　　〈たしかめ〉　□ × 3 ＋ □ ＝ □

50

4 21このあめを、4人で同じ数ずつ分けます。

1人分は何こで、何こあまりますか。

(式5点、答え5点)

式

答え　1人分は（　　　　　）で（　　　　　）あまる

5 70cmの毛糸を、9cmずつに切ります。

9cmの毛糸は何本できて何cmあまりますか。

(式5点、答え5点)

式

答え　（　　　　　）できて（　　　　　）あまる

6 60Lの水が入る水そうがあります。この水そうに、水が7L入るバケツで水を入れて、水そうがいっぱいになるように水をためます。

水を何ばい入れると、水そうがいっぱいになりますか。

(式5点、答え5点)

式

答え

あまりのあるわり算

1 次の計算をしましょう。　　　　　　　　　　　　（1問4点）

① 9 ÷ 2　　　　　　　② 13 ÷ 2

③ 42 ÷ 9　　　　　　　④ 50 ÷ 7

⑤ 41 ÷ 6　　　　　　　⑥ 61 ÷ 7

⑦ 74 ÷ 9　　　　　　　⑧ 52 ÷ 6

⑨ 5 ÷ 8　　　　　　　⑩ 41 ÷ 7

2 次のわり算の答えが正しければ〇を、まちがっていれば正しい
答えを（　）に書きましょう。　　　　　　　　　（1問5点）

① 17 ÷ 6 = 3 あまり 1　　（　　　　　　　　　）

② 31 ÷ 6 = 5 あまり 1　　（　　　　　　　　　）

3 わり算の答えをたしかめます。
　　☐にあてはまる数を書きましょう。　　　　　　（1問5点）

① 25 ÷ 7 = 3 あまり 4

　　〈たしかめ〉　7 × ☐ ＋ ☐ ＝ ☐

② 78 ÷ 8 = 9 あまり 6

　　〈たしかめ〉　8 × ☐ ＋ ☐ ＝ ☐

4 32このクッキーを6人で同じ数ずつ分けます。

① 1人分は何こで、何こあまりますか。 （式5点、答え5点）

式

答え　1人分は （　　　　　）で（　　　　　）あまる

② あと何こあれば、1人6こずつ分けられますか。 （5点）

（　　　　　　）

5 37このドーナツを1皿に5こずつのせます。全部のドーナツを皿にのせるには、皿は何まいいりますか。 （式5点、答え5点）

式

答え

6 43÷6＝6あまり7の答えがまちがっている理由をせつ明します。

① （　）にあてはまる言葉を ⬚ からえらんで書きましょう。 （両方できて10点）

（　　　　　）が（　　　　　）より大きくなっているから。

> あまり　　わる数　　答え　　わられる数

② 正しい答えを書きましょう。 （5点）

（　　　　　　）

チェック＆ゲーム
10000より大きい数

月　　　日　名前

👑 大きくなる方に進んで、ゴールまで行こう！

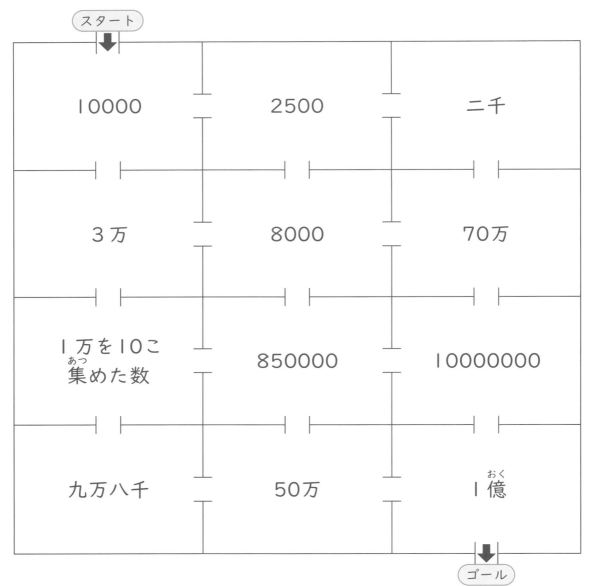

スタート

10000	2500	二千
3万	8000	70万
1万を10こ集めた数	850000	10000000
九万八千	50万	1億

ゴール

 1万は0が4つつくね！

2 暗号レストランでは、「102（とうふ）」や「64831（むしやさい）」のように、メニューが暗号で書かれているよ。
あてはまる数字を入れて、メニューをあてよう！

① 85762の一万の位と十の位

ヒント サンドウィッチなどにはさむ （　　　　　　　）

② 10000−9657

ヒント おしょうゆにつけて… （　　　　　　　）

③ 290を1000倍したときの
十万の位と一万の位

ヒント ジューシーな （　　　　　　　）

④ ㋐ 8950を10倍したときの一万の位
㋑ 9997にたすと10000になる数
㋒ 5000をいくつ集めると10000？

㋐ ㋑ ㋒

ヒント とろ〜りあまい （　　　　　　　）

10000より大きい数

⭐**1** 図を見て答えましょう。　　　　　　　　　　　（1問10点）

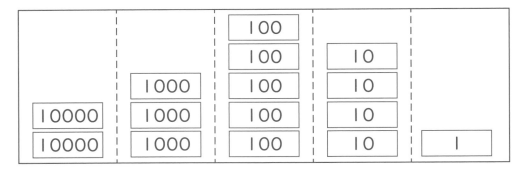

① いくつですか。数字で書きましょう。

一万の位	千の位	百の位	十の位	一の位

② 一万の位の数字は何ですか。

（　　　　　　　　）

③ 3は、何が3こあることを表していますか。

（　　　　　　　　）

⭐**2** 下の数直線の㋐、㋑の数を書きましょう。　　　　（1問10点）

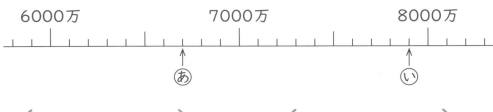

㋐（　　　　　　　）　　㋑（　　　　　　　）

56

3 次の数を数字で書きましょう。　　　　　　　　　　（1問5点）

① 七万四千五百四十三

一の位

② 二百五十八万六百

一の位

③ 10000を5こ、1000を7こあわせた数

一の位

④ 千万を10こ集めた数

一の位

4 ☐にあてはまる不等号を書きましょう。　　　　　　（1問5点）

① 87000 ☐ 78000

② 890万 ☐ 900万

5 次の数を書きましょう。　　　　　　　　　　　　（1問5点）

① 830を10倍した数　　　　　（　　　　　　　）

② 258を100倍した数　　　　　（　　　　　　　）

③ 50を10でわった数　　　　　（　　　　　　　）

④ 200を10でわった数　　　　　（　　　　　　　）

10000より大きい数

| 月 | 日 | 名前 | /100点 |

1 次の数を数字で書きましょう。 （1問5点）

① 三万七千百二十八 （　　　　　　　　　）

② 九千四十六万千 （　　　　　　　　　）

③ 100万を5こと10万を7こあわせた数

（　　　　　　　　　）

④ 1億より1小さい数 （　　　　　　　　　）

2 □ にあてはまる不等号を書きましょう。 （1問5点）

① 20000＋60000 □ 90000

② 800万 □ 400万＋500万

3 下の数直線を見て答えましょう。

① ↑の数を（　）に書きましょう。 （5点）

（　　　　　　　　）

② 数直線に㋐380万と㋑430万を↑で書き入れましょう。

（1つ5点）

4 （　）にあてはまる数を書きましょう。 （1問5点※③は両方できて5点）

① 10000を25こ集めた数は（　　　　　　　　）です。

② 1000を38こ集めた数は（　　　　　　　　）です。

③ 80057063の一万の位の数は（　　　　　）、千万の位の数は

　（　　　　　）です。

5 次の計算をしましょう。 （1問5点）

① 72万＋45万

② 104万－95万

③ 562×100

④ 7000÷10

6 次の数を書きましょう。 （1問5点）

① 60の100倍　　　　　　　　（　　　　　　　　）

② 907の1000倍　　　　　　（　　　　　　　　）

③ 4000000を10でわった数　（　　　　　　　　）

④ 73万を10でわった数　　　（　　　　　　　　）

10000より大きい数

1 次の数を数字で書きましょう。　　　　　　　　　（1問5点）

① 二万三千八百五　　　　　　　　（　　　　　　　　　）

② 六千四十万七百　　　　　　　　（　　　　　　　　　）

③ 10000を58こ集めた数　　　　（　　　　　　　　　）

④ 100万を100こ集めた数　　　　（　　　　　　　　　）

⑤ 305を1000こ集めた数　　　　（　　　　　　　　　）

⑥ 10万を46こ集めた数　　　　　（　　　　　　　　　）

2 □にあてはまる不等号を書きましょう。　　　　　　（1問5点）

① 435201 □ 99876

② 1億 □ 10000000

3 下の数直線の㋐～㋒の数を書きましょう。　　　　　（1問5点）

```
     8000万           9000万              1億
  ┠─┸─┼─┼─┼─┼─┸─┼─┼─┼─┼─┸─┼─┨
     ↑               ↑                ↑
```

㋐（　　　　　　　　）㋑（　　　　　　　　）㋒（　　　　　　　　）

60

4 （ ）にあてはまる数を書きましょう。 （1問5点）

① 310を100倍した数は（　　　　　　　　　）です。

② 840万を100でわった数は（　　　　　　　　　）です。

③ 1億は100万＋（　　　　　　　　　）です。

5 A市の人口は470000人、B市の人口は150000人です。A市とB市の人口をあわせると何人になりますか。 （式5点、答え5点）

式

答え _____

6 数が書かれたカードが2まいあります。 （1問10点）

　　　あ 　79371　　　　　い 　791?8

① ?に0〜9の数字が入るとき、数が大きいのはあといのどちらですか。

（　　　）

② ①の理由を文章で書きましょう。

（　　　　　　　　　　　　　　　　　　　　　　）

チェック＆ゲーム
1けたをかけるかけ算の筆算

| 月 | 日 | 名前 |

 みんなで、24×6 の計算を筆算でしたよ。

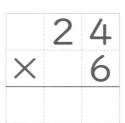

$$\begin{array}{r} 2\,4 \\ \times\quad 6 \\ \hline \end{array}$$

たぬき　124になったよ。

ねずみ　30だ！

ぞう　1224かな。

りす　144だよ。

① 正しい答えを出したのはだれかな？

（　　　　　　）

② 十の位にくり上げた数をたさなかったのはだれかな？

（　　　　　　）

③ かけ算なのにたし算をしたのはだれかな？

（　　　　　　）

④ 十の位の計算の答えを百の位と千の位にずらして書いたのはだれかな？

（　　　　　　）

2 こんどは、104×3の計算を筆算でしたよ。
だれが、どんな計算をしたのかな？

たぬき　101だと思うよ。　　ねずみ　302だよ。

ぞう　312だね。　　りす　42かな？

① 正しい答えを出したのはだれかな？

（　　　　　）

② 十の位にくり上げた数をたさなかったのはだれかな？

（　　　　　）

③ かけ算なのにひき算をしたのはだれかな？

（　　　　　）

④ 十の位の0のかけ算をしなかったのはだれかな？

（　　　　　）

１けたをかけるかけ算の筆算

月　　日　名前

/100点

1 15こ入りのクッキーが３ふくろあります。
クッキーは全部で何こありますか。
□ にあてはまる数を書きましょう。

（□1つ5点）

クッキーの数をもとめる式は15× ⓐ[　　] です。

答えは10× ⓘ[　　] と５× ⓤ[　　] をあわせた数になります。

クッキーの全部の数は ⓔ[　　] こです。

2 次の計算をしましょう。

（1問5点）

① 40×2　　　　　② 30×7

③ 60×5　　　　　④ 800×6

⑤ 400×4　　　　　⑥ 900×3

❸ 次の計算をしましょう。 (1問5点)

① 21 × 3

② 12 × 7

③ 38 × 7

④ 325 × 3

⑤ 938 × 2

⑥ 806 × 3

❹ 1こ350円のケーキを3こ買います。
代金はいくらになりますか。 (式10点、答え10点)

350円

式

答え

1けたをかけるかけ算の筆算

1 次の計算をしましょう。　　　　　　　　　　　　　　（1問5点）

① 30×4　　　　　　　　② 300×5

2 次の計算をしましょう。　　　　　　　　　　　　　　（1問5点）

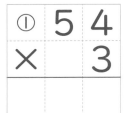

① 　5 4
　× 　 3

② 　2 5
　× 　 8

③ 6 1 4
　×　　 3

④ 4 0 6
　×　　 4

⑤ 2 3 6
　×　　 5

⑥ 9 5 8
　×　　 9

3 次の計算を筆算でしましょう。　　　　　　　　　　　（1問5点）

① 38×6

② 708×6

4 次の筆算のまちがいのせつ明を、あ～うからえらんで（ ）に書きましょう。

（1問10点）

①

```
    6 0 3
×       7
    4 4 1
```

（　　）

②

```
      5 3
×      4
      5 7
```

（　　）

③

```
    2 7 8
×       7
  1 4 4 6
```

（　　）

> あ　百の位の計算で、くり上げた数をたしていない。
> い　かけ算なのにたし算をしている。
> う　0の計算の答えを書いていない。

5 1辺270cmの正方形の土地の、まわりの長さは何cmですか。

（式5点、答え5点）

式

答え

6 1しゅう248mの池のまわりを3しゅう走りました。何m走りましたか。

（式5点、答え5点）

式

答え

1けたをかけるかけ算の筆算

1 次の計算をしましょう。　　　　　　　　　　　　（1問5点）

①	②	③
7 8 × 6	4 9 × 9	6 5 × 2

④	⑤	⑥
2 2 4 × 7	5 0 4 × 8	8 4 6 × 9

2 次の計算を筆算でしましょう。　　　　　　　　　（1問5点）

① 79 × 6　　② 235 × 4　　③ 340 × 5

3 くふうして計算します。□ にあてはまる数を書きましょう。

（それぞれ両方できて5点）

① 384 × 5 × 2 = 384 × あ[　　] = い[　　]

② 7 × 25 × 4 = 7 × あ[　　] = い[　　]

4 538×8について答えましょう。 （1問5点）

① かける数が１ふえると、答えはいくつふえますか。

（　　　　　）

② かける数をある数にかえると、答えが538へりました。ある数はいくつですか。

（　　　　　）

5 次の筆算はまちがっています。まちがいをせつ明する文になるように、□にあてはまる数を書き（　）に正しい答えを書きましょう。

（□は全部できて10点、（　）5点）

```
    8 0 2
  ×     3
    2 4 6
```

□の位に３×□＝□の答えを書いていません。

正しい答え（　　　　　）

6 １本63円のえんぴつを５本と110円のノートを買います。1000円出すと、おつりはいくらになりますか。 （式5点、答え5点）

式

答え _____

7 １本160円の250mL入りジュースを４本買います。全部で何mLになりますか。 （式5点、答え5点）

式

答え _____

円と球

月　　日　名前

 正しいことを言っているのはだれかな？

たぬき

ボールのような形は円というよ。

ねこ

円には中心があるけれど、球には中心がないよ。

きつね

円の半径の長さは、直径の長さの2倍だよ。

くま

半径が5cmのとき、直径は10cmだよ。

ねずみ

球を真ん中で2つに切ると、切り口は正方形になるよ。

正しいことを言っているのは…（　　　　　　）

コンパスで円をかいて、おやつのなぞをとこう！

★カラ　半径　4cmノ　円ト
☆カラ　半径　6cmノ　円ヲ　エガケ
2ツノ　円ガ　交ワッテ　デキタ　間ニ
オヤツハ　アル

おやつはどれかな？○をつけよう。

円と球

よういするもの…コンパス

1 □にあてはまる数や言葉を □ からえらんで書きましょう。

（1問5点）

① あは円の □ です。

② いは円の □ です。

③ うは円の □ です。

④ 円の 直径の長さは半径の長さの □ 倍です。

直径　　半径　　中心　　2

2 点アを中心にして、円をかきましょう。

（1問10点）

① 半径2cmの円

② 直径6cmの円

•ア

•ア

❸ ☐ にあてはまる数や言葉を ☐ からえらんで書きましょう。

(1問5点)

① ㋐は 球 の ☐ です。

② ㋑は球の ☐ です。

③ ㋒は球の ☐ です。

④ 球の切り口の形はいつも ☐ です。

> 中心　　半径　　円　　直径

❹ コンパスを使って、下の直線を3cmごとに区切りましょう。　(10点)

_____

❺ 箱の中に、直径5cmのボールがぴったり入っています。

① ㋑の長さは何cmですか。

(10点)

(　　　　　　)

② ㋐の長さをもとめましょう。

(式10点、答え10点)

式 ☐ × ☐ = ☐

答え _____

円と球

よういするもの…コンパス

1 右の図を見て答えましょう。

（（　）1つ5点）

① あ、い、うを、円の何といいますか。

あ　（　　　　　　　　）

い　（　　　　　　　　）

う　（　　　　　　　　）

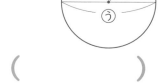

② うの長さは、いの長さの何倍ですか。　（　　　　　　　　）

2 右の図は、球を半分に切った形です。

（（　）1つ5点）

① あ、い、うを、球の何といいますか。

あ　（　　　　　　　　）

い　（　　　　　　　　）

う　（　　　　　　　　）

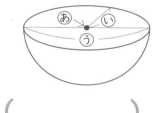

② 切り口はどんな形になっていますか。　（　　　　　　　　）

3 点アを中心にして、円をかきましょう。

（1問5点）

① 半径3cmの円　　　　　② 直径4cmの円

•ア　　　　　　　　　　　　•ア

4 同じもようを右にかきましょう。　　　　　　　　　　　（10点）

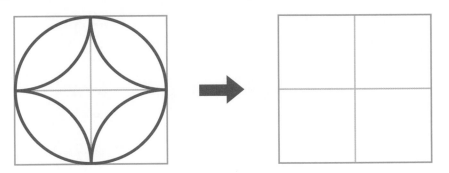

5 コンパスを使って、⑥と⑥の直線の長さをくらべ、長い方に〇
をつけましょう。　　　　　　　　　　　　　　　　　　　（10点）

⑥ （　　）

⑥ （　　）

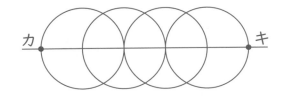

6 直径がすべて4cmの円が4つならんでいます。
直線カキの長さは何cmですか。　　　　　　　　　　　（10点）

カ●━━━━━━━━━━━●キ

　　　　　　　　　　　　　　　　　　　　　（　　　　　　）

7 箱の中に、直径6cmのボールがぴったり入っています。
箱の⑥と⑥の長さをもとめましょう。　　　　　（（　）1つ10点）

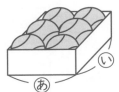

⑥ （　　　　　　）　　　⑥ （　　　　　　）

円と球

よういするもの…コンパス

1 図を見て答えましょう。　　　　　　　　　　　　（1問5点）

① 半径を表す直線はどれですか。

（　　　　　　）

② ⓘとⓤでは、どちらが長いですか。

（　　　　　　）

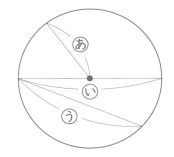

2 点アを中心にして、次の2つの円をかきましょう。　（1問10点）

① 半径3cm

② 直径4cm

・ア

3 同じもようを右にかきましょう。　　　　　　　　（10点）

 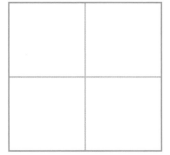

4 1辺18cmの正方形の中に、できるだけ大きな円をかきます。円の半径を何cmにすればよいですか。 （10点）

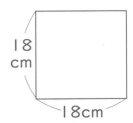

（　　　　　）

5 半径２cmの円を、５つならべてかきました。 （1問10点）

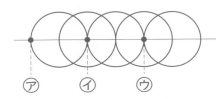

① ㋐から㋑までの長さは何cmですか。

（　　　　　）

② ㋐から㋒までの長さは何cmですか。

（　　　　　）

6 直径24cmの大きな円の中に、小さな円を３つかきました。 （1問10点）

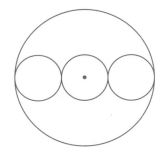

① 小さな円の直径は何cmですか。

（　　　　　）

② 小さな円の半径は何cmですか。

（　　　　　）

7 ㋐から３cmで、㋑から２cmのところにある点は、㋐、㋑、㋒のどれですか。 （10点）

（　　　　　）

チェック＆ゲーム
小数

月　　日　名前

 答えが大きい方を通って、ゴールまで行こう！

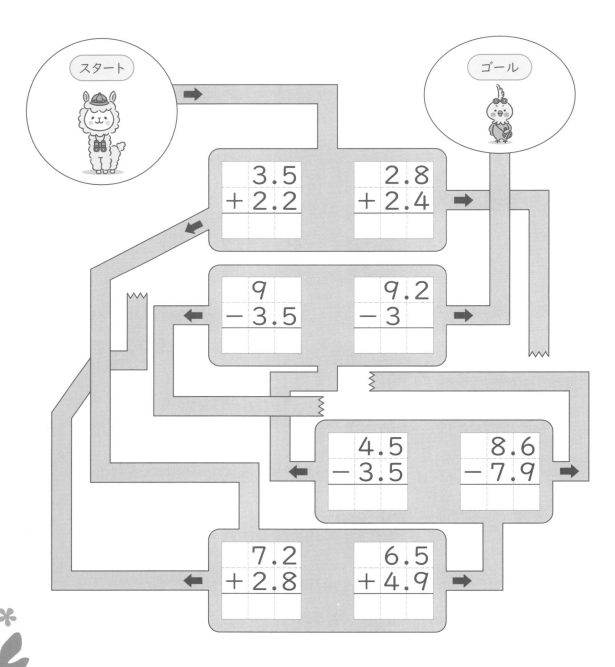

スタート

ゴール

$$\begin{array}{r} 3.5 \\ +\ 2.2 \\ \hline \end{array}$$

$$\begin{array}{r} 2.8 \\ +\ 2.4 \\ \hline \end{array}$$

$$\begin{array}{r} 9 \\ -\ 3.5 \\ \hline \end{array}$$

$$\begin{array}{r} 9.2 \\ -\ 3 \\ \hline \end{array}$$

$$\begin{array}{r} 4.5 \\ -\ 3.5 \\ \hline \end{array}$$

$$\begin{array}{r} 8.6 \\ -\ 7.9 \\ \hline \end{array}$$

$$\begin{array}{r} 7.2 \\ +\ 2.8 \\ \hline \end{array}$$

$$\begin{array}{r} 6.5 \\ +\ 4.9 \\ \hline \end{array}$$

2 答えが小さいじゅんになるようにならべかえて、文字を読もう。どんな言葉になるかな？

答え

ゴ ┃ １を５こと0.1を３こ あわせた数 ┃ （　　　　　　）

シ ┃ ４より0.5大きい数 ┃ （　　　　　　）

イ ┃ 0.1を15こ集めた数 ┃ （　　　　　　）

レ ┃ 4.5−4 ┃ （　　　　　　）

テ ┃ 3＋0.2 ┃ （　　　　　　）

ヒント 「0.5」を読むと…

小数

月　　　日　　名前　　　　　　　　　　　　　　　　　　/100点

★
1 次のかさを小数で書きましょう。　　　　　　　　　　　　　　（10点）

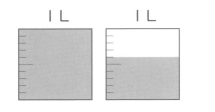

（　　　　　）L

★
2 下の数直線の㋐、㋑の小数を書きましょう。　　　　（（　）1つ5点）

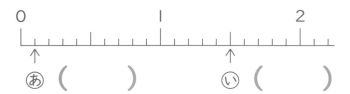

㋐（　　　　　）　　　㋑（　　　　　）

★
3 [　] にあてはまる数を書きましょう。　　　　　　　　　　（1問5点）

①　0.3は、0.1を [　　　　　] こ集めた数です。

②　1を2こと、0.1を8こあわせた数は、[　　　　　] です。

③　0.1の10こ分は [　　　　　] です。

★
4 [　] にあてはまる不等号を書きましょう。　　　　　　　　（1問5点）

①　0.3 [　　] 0.5　　　　②　7.1 [　　] 8.3

80

⑤ 次の計算をしましょう。 （1問5点）

① 0.5＋0.2

② 0.3＋0.7

③ 0.8－0.5

④ 1.6－0.4

⑥ 次の計算をしましょう。 （1問5点）

①
```
   3.1
 + 2.7
```

②
```
   5
 + 4.7
```

③
```
   1.7
 - 0.8
```

④
```
   8.5
 - 4
```

⑦ 赤のテープは2.8m、青のテープは1.3mあります。

① どちらのテープが長いですか。 （5点）

(   )

② 長さのちがいは何mですか。 （式5点、答え5点）

式

答え _____

小数

1 次のかさを小数で書きましょう。　　　　　　　　　　（5点）

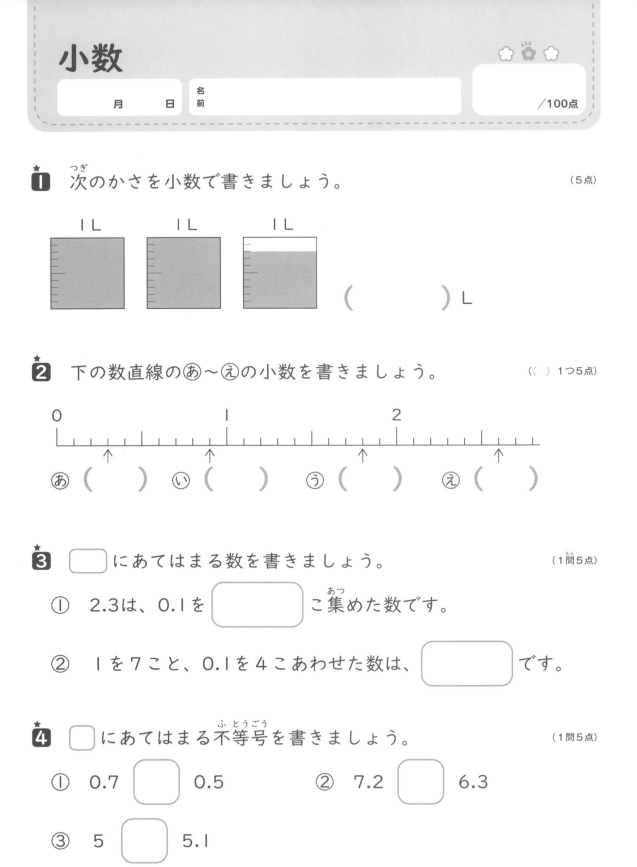

1 L　　　1 L　　　1 L

（　　　　　）L

2 下の数直線の㋐〜㋓の小数を書きましょう。　（（　）1つ5点）

0　　　　　　1　　　　　　2

㋐（　　　）　㋑（　　　）　㋒（　　　）　㋓（　　　）

3 　　にあてはまる数を書きましょう。　　　　　　（1問5点）

①　2.3は、0.1を　　　　　　こ集めた数です。

②　1を7こと、0.1を4こあわせた数は、　　　　　　です。

4 　　にあてはまる不等号を書きましょう。　　　　（1問5点）

①　0.7　　　0.5　　　　②　7.2　　　6.3

③　5　　　5.1

⑤ 次の計算をしましょう。 （1問5点）

① 0.3＋0.8

② 0.4＋0.6

③ 0.9－0.5

④ 1.8－0.9

⑥ 次の計算を筆算でしましょう。 （1問5点）

① 6.3＋2.8

② 4＋1.6

③ 5.4－1.9

④ 7－4.2

⑦ ジュースが3Lありました。1.7L飲みました。
何Lのこっていますか。

（式5点、答え5点）

式

答え _____

小数

1 次のかさを小数で書きましょう。　（1問5点）

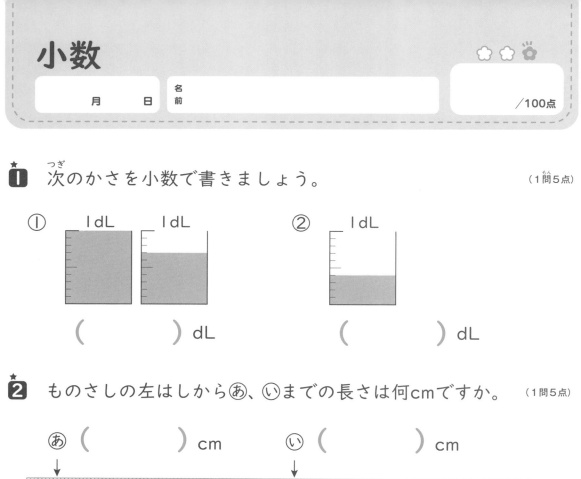

① 1dL　1dL　　② 1dL

（　　　）dL　　　　（　　　）dL

2 ものさしの左はしから㋐、㋑までの長さは何cmですか。　（1問5点）

㋐（　　　）cm　　　㋑（　　　）cm

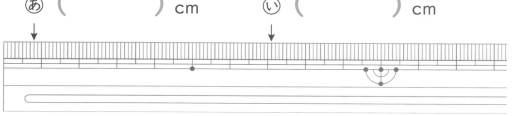

3 □ にあてはまる数を書きましょう。　（1問5点※③は両方できて5点）

① 3.9は、3と □ をあわせた数です。

② 6.2は、0.1を □ こ集めた数です。

③ 8.4は、2を □ ことと、0.1を □ こあわせた数です。

④ 7.7は、8より □ 小さい数です。

4 次の計算をしましょう。 （1問5点）

① 1.4＋0.7

② 2.6＋1.4

③ 1.5－0.9

④ 12.8－0.7

5 次の計算を筆算でしましょう。 （1問5点）

① 2.8＋7.5　② 3＋5.4　③ 12.5－7.6　④ 2－1.8

6 あと⑩の２本のテープがあります。 （式5点、答え5点）

あ 2.4m　⑩ 1.7m

① あわせて何mですか。

式

答え

② ちがいは何mですか。

式

答え

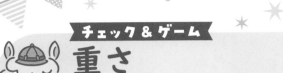

重さ

月　　日　名前

 正しいことを言っているのはだれかな？

くま

1 t＝100kgだよ。

きつね

2kg20gは2200gと同じだよ。

ねずみ

1800gは1kg8gだよ。

いぬ

1kg＝1000gだよ。

さる

1kmや1kgのk（キロ）は、1mや1gの
10000倍ということを表しているよ。

正しいことを言っているのは…（　　　　　　　　）

2 重い方を通ってゴールまで行こう！

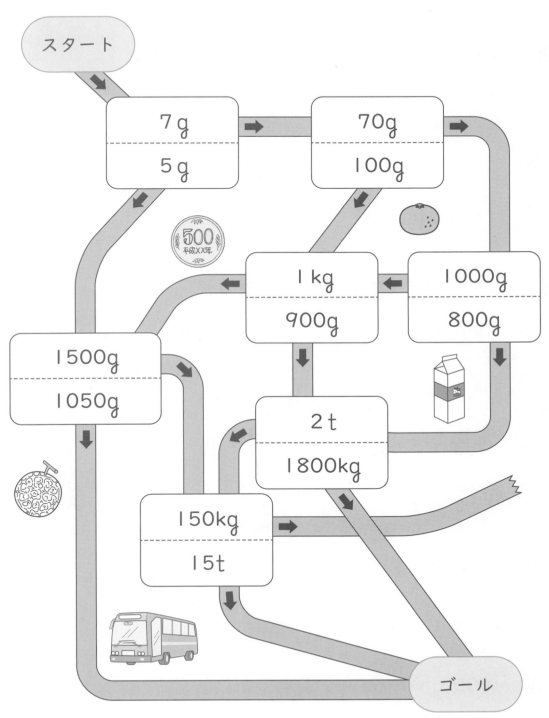

スタート

7g	70g
5g	100g

1kg	1000g
900g	800g

1500g
1050g

2t
1800kg

150kg
15t

ゴール

重さ

月　日　名前　　　　　　　　　　　　　　　/100点

1 重さのたんいの読みを、カタカナで書きましょう。　（1問5点）

① 1g＝1（　　　　　　　）

② 1kg＝1（　　　　　　　）

③ 1t＝1（　　　　　　　）

2 ［　］にあてはまる数を書きましょう。　（1問5点）

① 1kg＝［　　　　　　］g　　　② 1kg600g＝［　　　　　　］g

3 （　）にあてはまる重さのたんいを書きましょう。　（1問5点）

① 1円玉1この重さ　　　　1（　　　　）

② サルの体重　　　　　　20（　　　　）

③ バス1台の重さ　　　　15（　　　　）

④ みかん1この重さ　　　150（　　　　）

⑤ 1000kg＝1（　　　　）

4 ①、②の重さをはかるためには、あ、いのどちらのはかりを使うとよいですか。
（1問5点）

① （　）わたしの体重

② （　）みかんの重さ

あ

い

5 次の計算をしましょう。
（1問5点）

① 500g＋200g

② 940g－310g

③ 500g＋500g

④ 1kg20g－1kg

6 重さ100gのビンに、500gのジュースを入れます。
全体の重さは何gになりますか。
（式10点、答え10点）

式

答え _____

重さ

1 絵を見て答えましょう。 （1問5点）

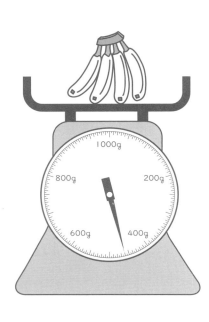

① このはかりでは、何gまではかることができますか。

（　　　　　）

② いちばん小さいめもりは、何gを表していますか。

（　　　　　）

③ このバナナの重さは何gですか。

（　　　　　）

2 □にあてはまる数を書きましょう。 （1問5点）

① 1kg = □ g　　　② 2kg700g = □ g

③ 3t = □ kg

3 （　）にあてはまる重さのたんいを書きましょう。 （1問5点）

① 消しゴム1この重さ　　　20（　　　）

② りんご1この重さ　　　200（　　　）

③ ゾウ1頭の体重　　　4（　　　）

④ 米ぶくろ1ふくろの重さ　　　10（　　　）

★
4 はかりのはりがさす重さを書きましょう。　　　　　　　　　（1問5点）

①

②

(　　　　　　　　　)　　(　　　　　　　　　)

★
5 次^{つぎ}の計算をしましょう。　　　　　　　　　　　　　　（1問5点）

①　500g＋170g

②　840g－320g

③　700g＋300g

④　1kg－100g

★★
6　1つ240gのプリンを5つ買って、80gの箱^{はこ}に入れてもらいました。重さは全部^{ぜんぶ}で何gになりますか。　　（式5点、答え5点）

式^{しき}

答え _____

★★
7　ともきさんの今の体重は28kg700gで、1年生のときの体重は22kg600gでした。重さのちがいは何kg何gですか。　（式5点、答え5点）

式

答え _____

重さ

月	日	名前		/100点

1 はかりのはりがさす重さを書きましょう。 （1問5点）

①

②

（　　　　　　　　　）　（　　　　　　　　　）

2 □ にあてはまる数を書きましょう。 （1問5点）

① 3kg600g =　□ g

② 1080g =　□ kg　□ g

③ 4kg60g =　□ g

④ 12000kg =　□ t

3 （　）にあてはまる重さのたんいを書きましょう。 （1問5点）

① ボールペンの重さ　　　15（　　　）

② トラック1台の重さ　　　10（　　　）

③ 自転車1台の重さ　　　20（　　　）

④ 学校のタブレットの重さ　350（　　　）

4 次の計算をしましょう。 （1問5点）

① 500g＋700g

② 940g－380g

③ 400kg ＋800kg

④ 2kg－100g

5 次の文は、かさや長さのたんいのかんけいを表しています。
（ ）にあてはまるたんいを書きましょう。 （1問5点）

① 1（　　　　）の1000倍は1Lです。

② 1mの1000倍は1（　　　　）です。

6 れんさんがネコをだいて体重計に乗ると、31kg400gでした。
れんさんの体重は29kgです。ネコの体重は何kg何gですか。

（式5点、答え5点）

式

答え _____

7 あるトラックにつめる荷物の重さは、900kgと決まっています。
1200kgの荷物をつんでしまったら、何kgの荷物をおろさなけ
ればなりませんか。 （式5点、答え5点）

式

答え _____

分数

月　　日　名前

👑 1 〈れい〉のように、あわせて1になる分数をかこんでゴールまで行こう！

〈れい〉

スタート →

$\frac{1}{2}$	$\frac{1}{2}$	$\frac{3}{4}$	$\frac{1}{4}$
$\frac{2}{2}$	$\frac{1}{3}$	$\frac{2}{4}$	$\frac{6}{10}$
$\frac{2}{3}$	$\frac{3}{5}$	$\frac{3}{4}$	$\frac{4}{10}$

ゴール

分子どうしをたせばいいね。
$\frac{3}{4}$なら、4は分母、3が分子だよ。

スタート →

$\frac{3}{5}$	$\frac{1}{5}$	$\frac{1}{7}$	$\frac{3}{7}$	$\frac{2}{2}$	$\frac{1}{2}$
$\frac{2}{5}$	$\frac{4}{7}$	$\frac{3}{7}$	$\frac{5}{7}$	$\frac{4}{9}$	$\frac{1}{6}$
$\frac{1}{3}$	$\frac{6}{7}$	$\frac{4}{8}$	$\frac{2}{8}$	$\frac{7}{9}$	$\frac{3}{6}$
$\frac{3}{3}$	$\frac{3}{8}$	$\frac{4}{8}$	$\frac{8}{9}$	$\frac{1}{9}$	$\frac{2}{6}$
$\frac{2}{9}$	$\frac{5}{9}$	$\frac{1}{8}$	$\frac{2}{9}$	$\frac{5}{9}$	$\frac{4}{6}$

ゴール

暗号(あんごう)の手紙だよ。
計算して、ヒントの文字を入れて読んでみよう！

昼休みは

$\dfrac{1}{5} + \dfrac{2}{5}$　①　・　$\dfrac{1}{6} + \dfrac{5}{6}$　②　・　$\dfrac{1}{5} + \dfrac{3}{5}$　③

$\dfrac{6}{7} - \dfrac{5}{7}$　④　・　$1 - \dfrac{4}{7}$　⑤　をして

遊(あそ)ぼうね！

- -

ヒント

$\dfrac{2}{5}$	$\dfrac{3}{5}$	$\dfrac{4}{5}$	$\dfrac{3}{6}$	$\dfrac{1}{7}$	$\dfrac{2}{7}$	$\dfrac{3}{7}$	1
ど	お	ご	ぼ	っ	る	こ	に

言葉(ことば)

①	②	③	④	⑤

1 $\dfrac{3}{8}$ の長さに色をぬりましょう。　　　　　　　（10点）

1m

2 次のかさを分数で書きましょう。　　　　　　（1問5点）

① 1dL

（　　　）dL

② 1dL

（　　　）dL

3 下の数直線の㋐、㋑の分数を書きましょう。　　（（　）1つ5点）

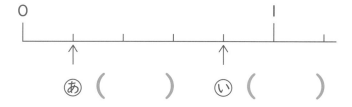

0　　　　　　　　　1

㋐（　　　）　㋑（　　　）

4 ☐ にあてはまる分数を書きましょう。　　　　（1問5点）

① $\dfrac{1}{6}$ を、5つあわせた数は、☐ です。

② ☐ を5つ集めると、1です。

5 ☐ にあてはまる不等号を書きましょう。　　　　　　　　　　（1問5点）

① $\dfrac{1}{4}$ ☐ $\dfrac{2}{4}$ 　　　　　② $\dfrac{1}{10}$ ☐ 0

③ 1 ☐ $\dfrac{6}{7}$

6 次の計算をしましょう。　　　　　　　　　　　　　　　　（1問5点）

① $\dfrac{2}{5}+\dfrac{2}{5}$ 　　　　　② $\dfrac{2}{6}+\dfrac{3}{6}$

③ $\dfrac{2}{3}-\dfrac{1}{3}$ 　　　　　④ $\dfrac{8}{9}-\dfrac{1}{9}$

7 オレンジジュースが $\dfrac{7}{8}$ L、りんごジュースが $\dfrac{5}{8}$ Lあります。

① どちらのジュースが多いですか。　　　　　　　　　　　　（5点）

（　　　　　　　　　　　　）

② ちがいは何Lですか。　　　　　　　　　　（式10点、答え10点）

式

答え _____

分数

1 次の長さやかさを分数で書きましょう。　　　　　（1問5点）

①
（　　　　）m

②
（　　　　）L

③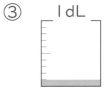
（　　　　）dL

2 下の数直線のⓐ、ⓘの分数を書きましょう。　　（（　）1つ5点）

ⓐ（　　　　）　　　　ⓘ（　　　　）

3 ☐ にあてはまる数を書きましょう。　　　　　　（1問5点）

① $\dfrac{1}{9}$ を、3つ集めた数は、☐ です。

② ☐ を、5つ集めた数は、$\dfrac{5}{8}$ です。

③ $\dfrac{1}{8}$ を ☐ こ集めると 1 です。

4 ☐にあてはまる等号や不等号を書きましょう。 （1問5点）

① $\dfrac{6}{8}$ ☐ $\dfrac{5}{8}$ ② 1 ☐ $\dfrac{9}{9}$

③ 0 ☐ $\dfrac{1}{8}$ ④ 0.7 ☐ $\dfrac{7}{10}$

5 次の計算をしましょう。 （1問5点）

① $\dfrac{5}{9}+\dfrac{2}{9}$ ② $\dfrac{2}{6}+\dfrac{4}{6}$

③ $\dfrac{4}{5}-\dfrac{1}{5}$ ④ $1-\dfrac{4}{7}$

6 赤いリボンが $\dfrac{1}{4}$ m、青いリボンが $\dfrac{3}{4}$ mあります。
あわせると何mですか。 （式5点、答え5点）

式

答え _____

7 牛にゅうが１L、お茶が $\dfrac{2}{3}$ Lあります。
どちらが何L多いですか。 （式5点、答え5点）

式

答え _____

分数

1 次の長さやかさを分数で書きましょう。　　　　（1問5点）

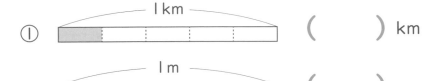

① 1km　（　　　）km

② 1m　（　　　）m

③
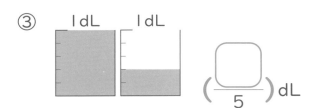

$\left(\dfrac{\Box}{5}\right)$dL

2 □にあてはまる数を書きましょう。　　　　（1問5点）

① $\dfrac{1}{9}$ を、10こあわせた数は □ です。

② $\dfrac{1}{7}$ を □ つ集めた数は、1です。

③ 1kgを6等分した5つ分の重さは □ kgです。

3 下の数直線の㋐、㋑の分数を書きましょう。　　（（　）1つ5点）

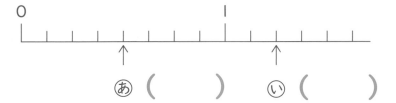

㋐（　　　）　㋑（　　　）

4 ☐ にあてはまる不等号を書きましょう。 （1問5点）

① 0.2 ☐ $\dfrac{12}{10}$　　② 0.4 ☐ $\dfrac{3}{10}$

5 次の計算をしましょう。 （1問5点）

① $\dfrac{2}{9}+\dfrac{3}{9}$　　② $\dfrac{1}{8}+\dfrac{5}{8}$

③ $\dfrac{2}{7}+\dfrac{5}{7}$　　④ $\dfrac{6}{7}-\dfrac{2}{7}$

⑤ $1-\dfrac{7}{10}$　　⑥ $1-\dfrac{1}{4}$

6 リボンが1mありました。きのう$\dfrac{3}{7}$m、今日$\dfrac{1}{7}$m使いました。リボンは何mのこっていますか。 （式5点、答え5点）

式

答え _____

7 りなさんの家からおばあさんの家まで1kmあります。りなさんは家からおばあさんの家に向かって$\dfrac{7}{9}$km歩きました。あと何kmで着きますか。 （式5点、答え5点）

式

答え _____

□を使った式

月　　日　名前

□に入る数が大きくなる方を通ってゴールまで行こう！

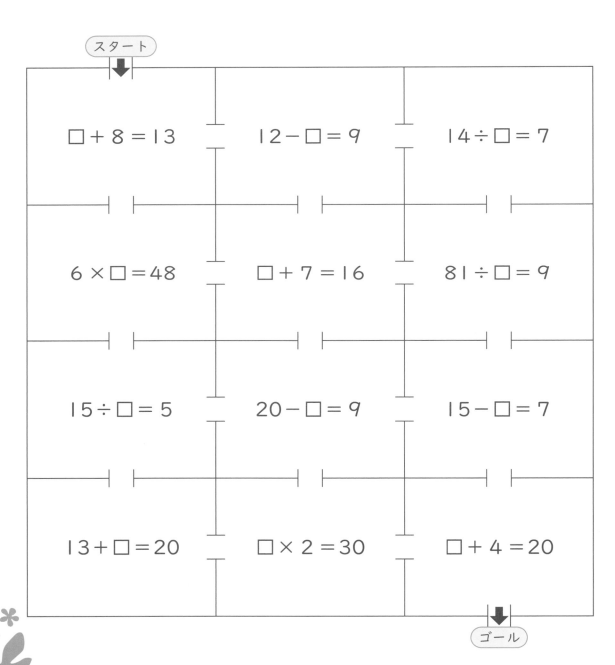

スタート

$\square + 8 = 13$	$12 - \square = 9$	$14 \div \square = 7$
$6 \times \square = 48$	$\square + 7 = 16$	$81 \div \square = 9$
$15 \div \square = 5$	$20 - \square = 9$	$15 - \square = 7$
$13 + \square = 20$	$\square \times 2 = 30$	$\square + 4 = 20$

ゴール

2 問題と式があうように線でむすぼう！

① 色紙を□まい持っていました。5まいあげたので全部で30まいになりました。 ● ● □×5＝30

② 5人に□まいずつ色紙を配るには、全部で30まいひつようです。 ● ● □－5＝30

③ 色紙を5まいもっていました。□まいもらったので全部で30まいになりました。 ● ● 30÷□＝5

④ □人で30まいの色紙を分けると、1人5まいになりました。 ● ● 5＋□＝30

103

□を使った式

月　　　日　　名前

／100点

🐾 **1** 下の問題を読んで答えましょう。

> ゆうきさんは、シールを何まいか持っていました。
> 6まいもらったので、全部で14まいになりました。
> はじめに持っていた数は何まいですか。

① このことを言葉の式で表しました。□にあてはまる言葉を □ からえらんで書きましょう。　　（□1つ5点）

はじめの数 ＋ [　　　　　] ＝ [　　　　　]

もらった数　　　全部の数

② わからない数を□として、たし算の式に表しましょう。　（10点）

式

③ □の数をもとめるには、何算で計算すればよいですか。

（10点）

（　　　　　）

④ はじめに持っていたまい数は何まいですか。　（10点）

（　　　　　）

⭐ **2** □にあてはまる数をもとめましょう。 （1問5点）

① 24＋□＝30 （　　　　　　）

② □－4＝15 （　　　　　　）

③ □×6＝30 （　　　　　　）

④ 7×□＝56 （　　　　　　）

⭐⭐ **3** バスに20人乗っていました。

何人かおりたので、12人になりました。

おりた人の数を□として、ひき算の式に表しましょう。 （10点）

式

⭐⭐ **4** チョコレートを10こ買うと、代金は100円でした。

① 図の ⬭ にあてはまる数を書きましょう。 （□1つ5点）

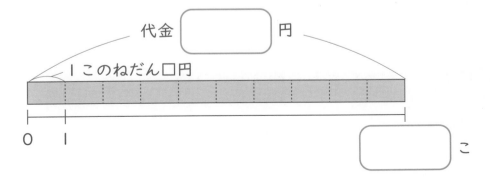

② チョコレート1このねだんを□円として、かけ算の式に表しましょう。 （10点）

式

③ チョコレート1このねだんは何円ですか。 （10点）

（　　　　　　　）

□を使った式

1 はじめに120円持っていました。おこづかいをいくらかもらったので、全部で320円になりました。　　　　　　　　　　　　　（1問10点）

① このことを言葉の式で表しました。わからない数は㋐～㋒のどれですか。

$$\boxed{\text{㋐　はじめに持っていたお金}} + \boxed{\text{㋑　もらったお金}} = \boxed{\text{㋒　全部のお金}}$$

（　　　　）

② わからない数を□として、たし算の式に表しましょう。

式

③ □にあてはまる数をもとめましょう。

（　　　　　　）

2 □にあてはまる数をもとめましょう。　　　　　　　　　　（1問5点）

① 28＋□＝52　　（　　　　）

② □－7＝76　　（　　　　）

③ □×6＝48　　（　　　　）

④ 35÷□＝5　　（　　　　）

106

3 みゆきさんはシールを何まいか持っていました。
妹に13まいあげたので、のこりが46まいになりました。

① 図の ☐ にあてはまる数を書きましょう。 （☐1つ5点）

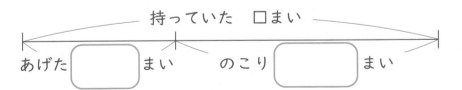

持っていた ☐まい

あげた ☐ まい　　のこり ☐ まい

② はじめに持っていたまい数を☐として、ひき算の式に表しましょう。 （10点）

式

③ はじめに何まい持っていましたか。 （10点）

（　　　　　　　）

4 ハムスターを12ひきかっています。何びきかずつ分けてかごに入れると、かごは4つできました。1つのかごに何びき入れましたか。
1つのかごに入れるハムスターの数を☐として、わり算の式に表し、答えをもとめましょう。 （式10点、答え10点）

式

答え _____

□を使った式

1 なべに水が360mL入っていました。

いくらか水をくわえたので、540mLになりました。

① このことを図に表します。（　）にあてはまる数や言葉を □ からえらんで書きましょう。（わからない数は□とします）

(（　）1つ5点)

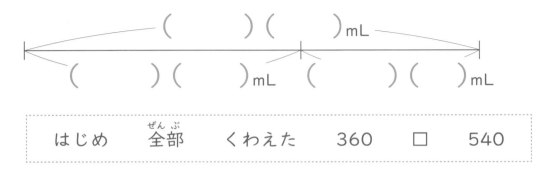

はじめ	全部	くわえた	360	□	540

② わからない数を□としてたし算の式に表し、答えをもとめましょう。

(式5点、答え5点)

式

答え

2 675円の筆箱を買うと、のこりは250円になりました。持っていたお金を□としてひき算の式に表し、答えをもとめましょう。

(式5点、答え5点)

式

答え

3 □にあてはまる数をもとめましょう。　　　　　　　　　　（1問5点）

① 　□＋34＝50　　　　　（　　　　　　　）

② 　210＋□＝405　　　（　　　　　　　）

③ 　□－29＝56　　　　　（　　　　　　　）

④ 　9×□＝72　　　　　（　　　　　　　）

⑤ 　56÷□＝8　　　　　（　　　　　　　）

⑥ 　□÷10＝7　　　　　（　　　　　　　）

4　えんぴつが何本か入った箱が、4箱あります。えんぴつの数を数えると、全部で36本でした。えんぴつは1箱に何本ずつ入っていましたか。

　1箱に入っているえんぴつの数を□としてかけ算の式に表し、答えをもとめましょう。　　　　　　　　　　（式5点、答え5点）

式

　　　　　　　　　　　　　答え _____

5　子ども会でジュースを48本買いました。お店の人が何本かずつ箱に入れてくれて、全部で8箱になりました。ジュースは1箱に何本ずつ入っていますか。

　1箱に入っているジュースの数を□としてわり算の式に表し、答えをもとめましょう。　　　　　　　　　　（式5点、答え5点）

式

　　　　　　　　　　　　　答え _____

チェック＆ゲーム
2けたをかけるかけ算の筆算

月　　　日　名前

 まちがったことを言っているのはだれかな？

たぬき

> 24×35の答えは、24×30と24×5の答え
> をたした数だよ。

ねこ

> ```
>       2 4
>   ×   3 5
>   1 2 0
>     7 2
>   1 9 2
> ```
> 筆算（ひっさん）の答えは192だよ。

りす

> 24×35と35×24の答えは同じだね。

うさぎ

> 24×30は、24×3の答えを10倍（ばい）した数だ
> よ。

まちがったことを言っているのは…（　　　　　　）

2 20×18と同じ答えになる式を通ってゴールまで行こう！

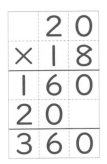

筆算の答えは
360だね。

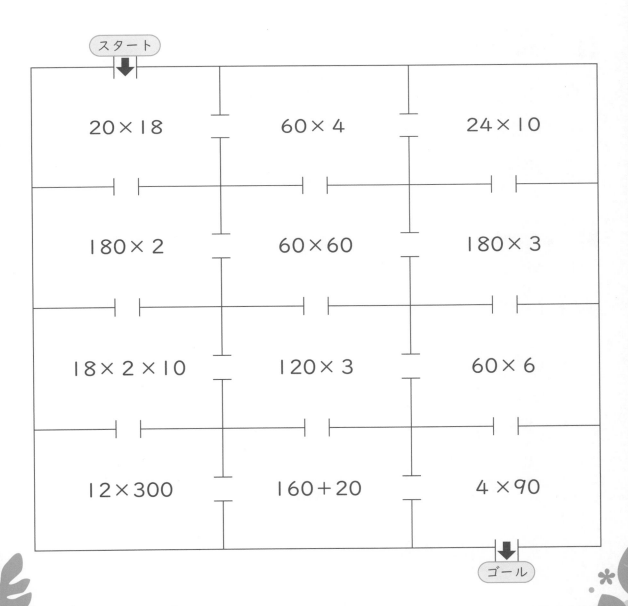

スタート

20×18	60×4	24×10
180×2	60×60	180×3
18×2×10	120×3	60×6
12×300	160+20	4×90

ゴール

2けたをかけるかけ算の筆算

月　日　名前　　　　　　　　　　　　　　　　　　/100点

１ ◯にあてはまる数を書きましょう。 （10点）

21×23の答えは、21× [　　　　] と21×3の答えをあわせた数と同じです。

２ 次の計算をしましょう。 （1問5点）

① 3×20

② 5×60

③ 80×70

④ 25×10

３ 次の計算で、正しいものには〇を、まちがっているものには正しい答えを（ ）に書きましょう。 （1問10点）

①
```
    5 6
 ×  9 4
   2 2 4
 5 0 4
 5 2 6 4
```
（　　　　　）

②
```
    4 0 3
 ×   5 3
   1 2 9
 2 0 1 5
 2 0 2 7 9
```
（　　　　　）

112

❹ 次の計算をしましょう。

① 23
× 12

② 30
× 54

③ 57
× 83

④ 142
× 62

⑤ 309
× 21

⑥ 204
× 85

❺ 1こ53円のチョコレートを24こ買いました。

ぜん ぶ
全部でいくらになりますか。　（式10点、答え10点）

しき
式

答え

2けたをかけるかけ算の筆算

月　　日　　名前　　　　　　　　　　　　　　　　　　/100点

★
1 次の計算をしましょう。　　　　　　　　　　（1問5点）

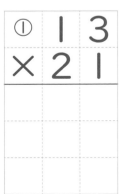

① 　13
　×21

② 　60
　×74

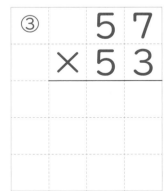

③ 　57
　×53

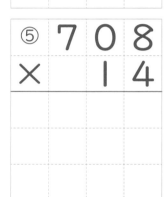

④ 342
　× 26

⑤ 708
　× 14

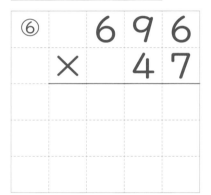

⑥ 696
　× 47

★
2 次の計算をくふうして筆算でしましょう。　　　　　　　　　　（1問5点）

① 57×40

② 23×706

❸ 次の計算をしましょう。 （1問5点）

① 9×80 　　　　　　　② 20×44

❹ ☐ にあてはまる数を書きましょう。 （1問5点※①は両方できて5点）

① 14×32の答えは、14×30と14×☐ の答えをあわ

せた数と同じです。答えは ☐ です。

② 28×70の答えは、28×7の答えを ☐ 倍した数です。

❺ 3年生が49人で遠足に行きました。科学館の入場りょうは1人310円です。

入場りょうは、全員でいくらになりますか。 （式10点、答え10点）

式

答え _____

❻ 1こ58円のロールパンを12こ買って1000円はらいました。おつりはいくらになりますか。 （式10点、答え10点）

式

答え _____

2けたをかけるかけ算の筆算

月　日　　名前　　　　　　　　　　　　　　　　　/100点

1 次の計算をしましょう。　　　　　　　　　　　　　　　（1問5点）

① 14×20＝ [　　　]　　　　　② 25×30＝ [　　　]

③
```
    5 6
  × 2 4
```

④
```
    9 4
  × 8 2
```

⑤
```
    7 5
  × 3 8
```

⑥
```
  2 2 9
  ×   3 6
```

⑦
```
  2 0 3
  ×   4 8
```

⑧
```
  8 6 7
  ×   5 9
```

2 次の計算をくふうして筆算でしましょう。　　　　　　（1問5点）

① 504×30

② 32×804

116

❸ 次の計算は、まちがっています。まちがいをせつ明する文になるように、□ にあてはまる数を書き、（ ）に正しい答えを書きましょう。

（□10点、（ ）10点）

```
    3 6 5
  ×   8 7
  2 5 5 5
  2 9 2 0
  5 4 7 5
```

□ の 位 の計算を書く場所がまち

がっています。

正しい答え… （　　　　　　　　）

❹ □ にあてはまる数を書きましょう。

（1問5点）

① 57×70の答えは、57×7の答えを □ 倍した数です。

② 429× □ の答えは、429×30と429×3の答えを

あわせた数と同じです。

❺ 白いテープは12cmです。

白いテープ3つ分の長さが赤いテープで、青いテープは赤いテープ23本分の長さです。

青いテープは何cmですか。

（式5点、答え5点）

式

答え

❻ トランプは♠・◆・♥・♣のカードが13まいずつと、ジョーカー2まいで1セットです。

16セットでは、カードは全部で何まいになりますか。

（式5点、答え5点）

式

答え

 どちらが高いかな？高い方に〇をつけよう。

①
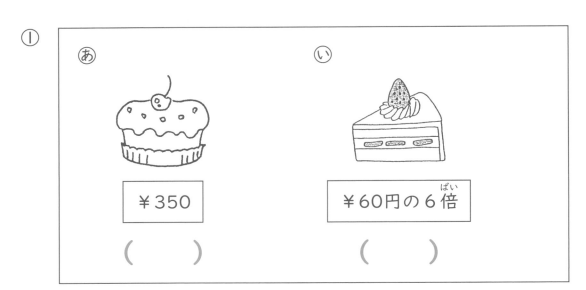

　　あ

￥350

（　　　　）

　　い

￥60円の 6 倍

（　　　　）

②
　　あ

どうぶつえん
動物園
入場けん

￥300

（　　　　）

　　い

かん
びじゅつ館
入場けん

￥90円の 3 倍

（　　　　）

60円の 6 倍だから、かけ算をすればいいね！

118

2 □に3が入るところを通ってゴールまで行こう！

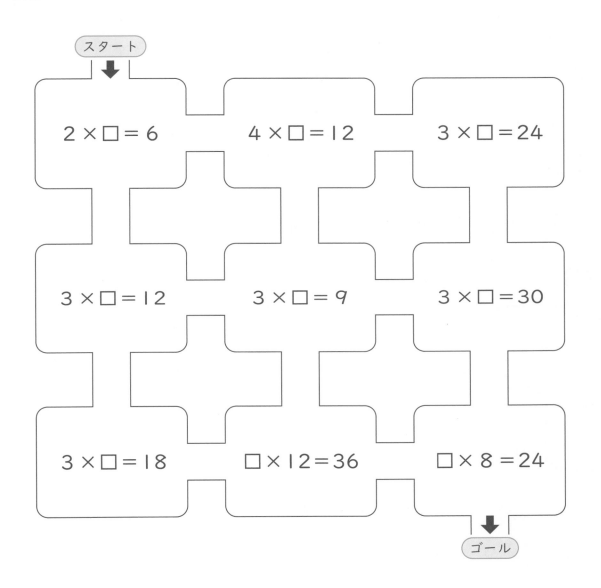

スタート

$2 \times \square = 6$　　$4 \times \square = 12$　　$3 \times \square = 24$

$3 \times \square = 12$　　$3 \times \square = 9$　　$3 \times \square = 30$

$3 \times \square = 18$　　$\square \times 12 = 36$　　$\square \times 8 = 24$

ゴール

□に入る数は、わり算でもとめられるね。

倍の計算

1 □ にあてはまる数を書きましょう。　（1問5点）

① 3Lの5倍は □ Lです。

② 6cmの □ 倍は18cmです。

③ 3kgの4倍は □ kgです。

2 ⑧のテープは48cmです。⓪のテープの長さを6倍すると、⑧のテープの長さになるそうです。

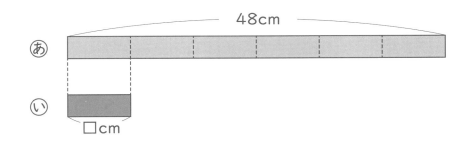

① ⓪のテープの長さを□cmとして、かけ算の式で表しましょう。　（5点）

式

② ⓪のテープの長さをもとめましょう。　（式10点、答え10点）

式

答え

3 まやさんは、お姉さんとクッキーを作りました。お姉さんは21こ、まやさんは7こ作りました。お姉さんが作った数は、まやさんが作った数の何倍ですか。

（式10点、答え10点）

式

答え _____

4 畑にすなを運びます。5kgずつ運ぶと、8回で運び終えるそうです。すなは何kgありますか。

（式10点、答え10点）

式

答え _____

5 赤、黄、青の3本のテープがあります。赤のテープは4cm、黄のテープは24cm、青のテープは赤のテープの2倍の長さです。

（1問10点）

① 青のテープは何cmですか。

（　　　　　　）

② 黄のテープは青のテープの何倍の長さですか。

（　　　　　　）

三角形と角

月　　日　名前

👑 下の絵から三角形を見つけて、色をぬろう！

正三角形…………赤色
二等辺三角形……青色

2 スタートから、正三角形→二等辺三角形→直角三角形のじゅん
に進んで、ゴールまで行こう！
　うさぎさんは何を食べたのかな？（ななめには進めないよ）

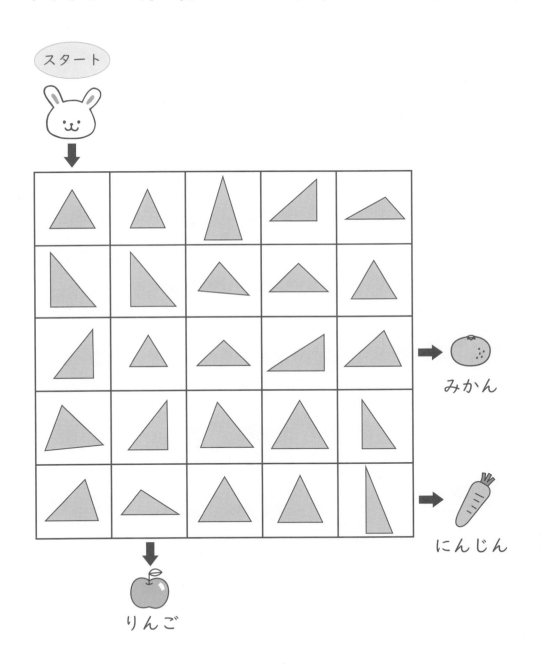

スタート

みかん

にんじん

りんご

答え（　　　　　　　　　　　　）

三角形と角

月	日	名前	/100点

よういするもの…ものさし、コンパス

❶ （　）にあてはまる言葉を書きましょう。　　　　　　　（（　）1つ10点）

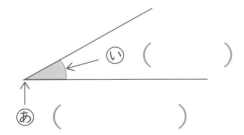

い　（　　　　　　　　）

あ　（　　　　　　　　）

❷ 図を見て、（　）にあてはまる言葉を書きましょう。　　　　（1問10点）

  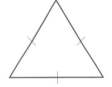

①　2つの辺の長さが等しい三角形を（　　　　　　　　　）
といいます。

②　3つの辺の長さが等しい三角形を（　　　　　　　　　）
といいます。

❸ 次の角を大きいじゅんにならべましょう。　　　　　　　　（10点）

（　　　　→　　　　→　　　　）

124

4 1辺の長さが4cmの正三角形をかきましょう。 （10点）

5 下の⑧〜⑧から、二等辺三角形と正三角形をえらびましょう。

（（ ）1つ5点）

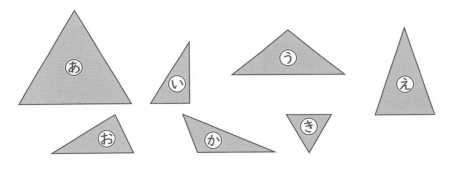

① 二等辺三角形…（　　　　）（　　　　）

② 正三角形………（　　　　）（　　　　）

6 下の三角形は二等辺三角形です。 （1問10点）

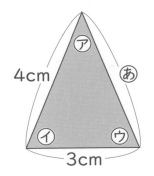

① ⑧の長さは何cmですか。

（　　　　　　　　）

② ⑨と同じ大きさの角はどれですか。

（　　　　　　　　）

三角形と角

よういするもの…ものさし、コンパス

1 下の㋐～㋕から、二等辺三角形と正三角形をえらびましょう。

（（　）1つ5点）

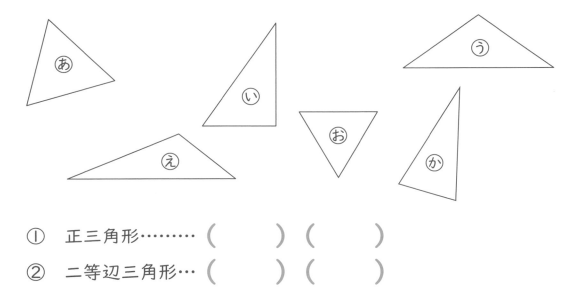

① 正三角形………（　　　　）（　　　　）

② 二等辺三角形…（　　　　）（　　　　）

2 次のような三角形をかきましょう。

（1問10点）

① 辺の長さが5cm、5cm、　　② 二等辺三角形
　4cmの二等辺三角形

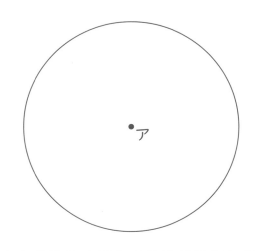

4cm

•ア

3 下の三角形は二等辺三角形です。 (1問10点)

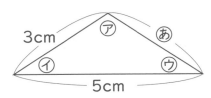

① ⑤の長さは何cmですか。

(　　　　　　　)

② ④と同じ大きさの角はどれですか。

(　　　　　　　)

4 三角じょうぎの角について記号(きごう)で答えましょう。 (1問10点)

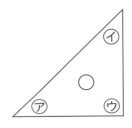 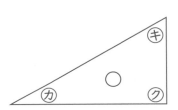

① ⑦の角と大きさが等(ひと)しい角はどれですか。

(　　　　　　　)

② ④と⑧の角では、どちらが大きな角ですか。

(　　　　　　　)

5 長方形を2つにおって、点線のところで切ります。 (1問10点)

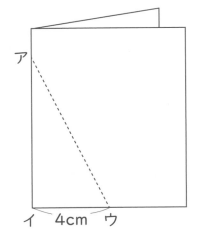

① 広げた形は何という三角形ですか。

(　　　　　　　)

② 切った三角形が正三角形になるのは、
アウの辺が何cmのときですか。

(　　　　　　　)

三角形と角

月　日　名前　　　　　　　　　　　　　　　／100点

よういするもの…ものさし、コンパス

1 下の三角形は二等辺三角形です。　　　　　（1問10点）

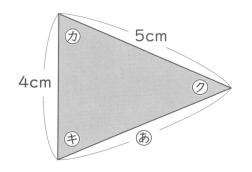

① あの長さは何cmですか。

（　　　　　）

② ⑰と同じ大きさの角はどれですか。

（　　　　　）

2 次のような三角形をかきましょう。　　　　（1問10点）

① 辺の長さが、5cm、4cm、4cmの二等辺三角形

② 正三角形

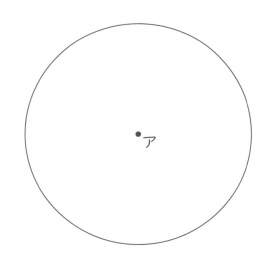

3 半径4cmの円に2つの三角形をかきました。
それぞれ何という三角形ですか。（点アは円の中心です）　（1問10点）

あ　（　　　　　　　　　　）

い　（　　　　　　　　　　）

4 ひごが3本ずつ入った、あ〜えのセットがあります。　（1問10点）

┌──┐
　あ　6cm、6cm、5cm　　い　5cm、5cm、5cm
　う　6cm、1cm、1cm　　え　5cm、4cm、3cm
└──┘

① 正三角形ができるのは、どのセットですか。

（　　　　　　　　　）

② 二等辺三角形ができるのは、どのセットですか。

（　　　　　　　　　）

5 長方形を2つにおって、点線のところで切ります。　（1問10点）

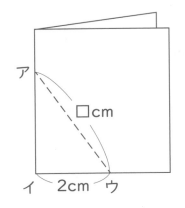

① 広げた形は何という三角形ですか。

（　　　　　　　　　）

② 切った三角形が正三角形になるのは、
アウの辺が何cmのときですか。

（　　　　　　　　　）

ぼうグラフと表

月　　日　名前

👑 クラスの人のすきな動物について調べたことをグラフに表しているよ。

右の文の（　）にあてはまる言葉を▢からえらんで書こう！

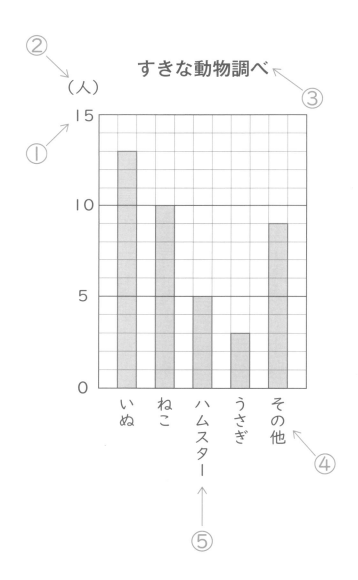

② → （人）

① → 15

すきな動物調べ → ③

10

5

0

いぬ　ねこ　ハムスター　うさぎ　その他

④

⑤

① たてじくのめもりは、いちばん（　　　　　　　　　　）数が表
　　せるような数にします。

② たてじくの上に（　　　　　　　　　　）を書きます。

③ これは（　　　　　　　　　　）といいます。

④ その他_たは（　　　　　　　　　　）に書きます。

⑤ （　　　　　　　　　　）の数はハムスターの２倍_{ばい}です。

⑦ たんい　　㋒ 少ない　　㋞ 多い

㋪ ねこ　　㋓ 表題_{ひょうだい}　　㋟ いぬ　　㋘ さいご

記号_{きごう}を入れると…

①	②	③	④	⑤

ぼうグラフと表

よういするもの…ものさし

1 すきな動物を調べて正の字で表し、表にしました。
表の⑤、⑥にあてはまる数を書きましょう。

（（　）1つ10点）

ねこ	正下	ライオン	T
いぬ	正T	うさぎ	T
ハムスター	正	パンダ	一

しゅるい	人数
ねこ	⑤（　　　）
いぬ	7
ハムスター	⑥（　　　）
その他	5

2 ぼうグラフを見て答えましょう。

（1問10点）

① ⑦を何といいますか。
（　　　　　　　）

② たてじくのめもりは、何を表していますか。○をつけましょう。
⑤（　　）くだもののしゅるい
⑥（　　）人数

③ 3年1組では、みかんがすきな人は何人いますか。
（　　　　　　　）

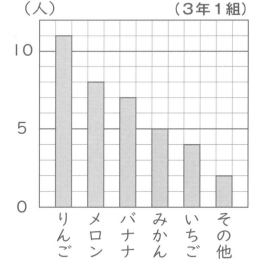

⑦→ すきなくだもの調べ

（人）　　　　　　（3年1組）

りんご　メロン　バナナ　みかん　いちご　その他

④ 3年1組でいちばんすきな人が多いくだものは何ですか。
（　　　　　　　）

⑤ メロンがすきな人の数は、いちごがすきな人の数の何倍ですか。
（　　　　　　　）

3 下の表は3年2組でかいたいこん虫について調べたものです。

かいたいこん虫調べ
（3年2組）

こん虫	人数（人）
モンシロチョウ	8
カマキリ	7
バッタ	6
トンボ	4
その他	5
合計	30

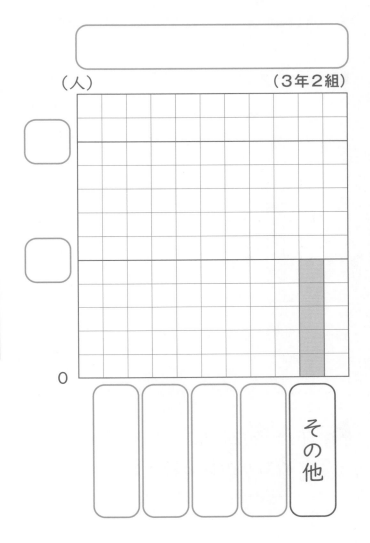

① グラフに表題を書きましょう。 (5点)

② 横じくに、こん虫のしゅるいを多いじゅんに書きましょう。
(全部できて5点)

③ たてじくにめもりの数を書きましょう。 (両方できて10点)

④ ぼうをかきましょう。 (全部できて10点)

ぼうグラフと表

月　日　名前　　　　　　　　　　　　　　　　/100点

よういするもの…ものさし

1　ぼうグラフを見て答えましょう。

（1問10点）

（人）　すきなきゅう食調べ

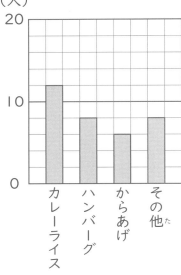

①　すきな人がいちばん多いきゅう食は何ですか。

（　　　　　　　）

②　ハンバーグがすきな人は何人ですか。

（　　　　　　　）

③　カレーライスがすきな人は、からあげがすきな人の何倍ですか。

（　　　　　　　）

2　下の表を、ぼうグラフに表します。

（1問5点）

①　めもりの数を書きましょう。

②　「その他」のぼうをかきましょう。

すきな遊び調べ

しゅるい	人数（人）
おにごっこ	8
ドッジボール	6
なわとび	4
てつぼう	2
あやとり	2
サッカー	2
合計	24

（人）　すきな遊び調べ

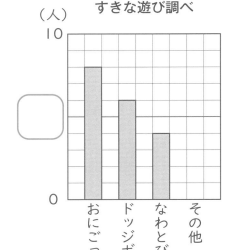

3 下のぼうグラフは、さやさんが先週読書をした時間を表したものです。

（1問10点）

読書をした時間

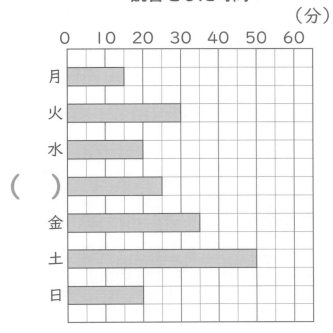

① （ ）には何が入りますか。グラフに書き入れましょう。

② 月曜日の読書をした時間は何分ですか。

（ 　　　　　 ）

③ このグラフからわかることで、あてはまらないものに〇をつけましょう。

ⓐ （ 　 ） いちばん長い時間読んだのは土曜日です。

ⓘ （ 　 ） 日曜日は朝早くから読みました。

ⓤ （ 　 ） 火曜日より金曜日の方が長い時間読みました。

4 表を見て答えましょう。

かりた本のさっ数（3年生）

しゅるい ＼ 組	1組	2組	合計
物語	12	8	20
図かん	3	6	ⓘ
でんき	7	5	ⓤ
その他	6	8	14
合計	ⓐ	27	ⓔ

① ⓐ～ⓔにあてはまる数を書きましょう。 （1つ5点）

② 1組の人数を表しているのは、ⓐ～ⓔのどれですか。 （10点）

（ 　　　　　 ）

ぼうグラフと表

よういするもの…ものさし

1　カードゲームをして、とったカードのまい数を表に表しました。この表を、ぼうグラフに表します。
（1問10点）

①　めもりの数を書きましょう。

②　ぼうを書きましょう。

③　（　）に名前を書きましょう。

カードのまい数

名前	まい数（まい）
あや	8
ゆうた	16
さおり	18
しんじ	12

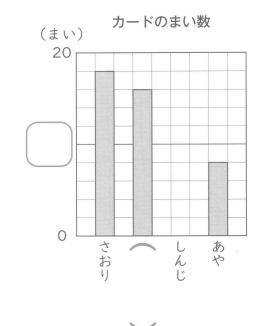

カードのまい数

2　表を見て答えましょう。

月ごとのけがのしゅるい調べ

しゅるい ＼ 月	4月	5月	6月	合計
すりきず	5	8	7	㋒
切りきず	3	1	2	6
だぼく	4	6	9	19
その他	㋐	7	㋑	15
合計	18	22	20	㋓

①　㋐～㋓にあてはまる数を書きましょう。
（1つ5点）

②　㋓の数は、何を表していますか。
（10点）

（　　　　　　　　　　　　　　）

3 下の２つのぼうグラフは、どちらもすきなスポーツについて調べたものです。

（1問10点※③は両方できて10点）

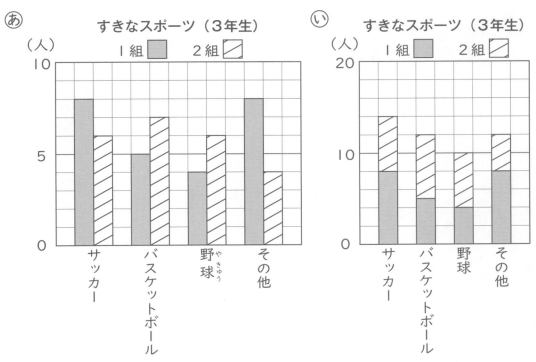

① 3年生全体で人気なスポーツがわかりやすいのは、どちらのグラフですか。

（　　　　　　　）

② １組と２組のすきなスポーツのちがいがわかりやすいのは、どちらのグラフですか。

（　　　　　　　）

③ バスケットボールがすきな人は、どちらの組が何人多いですか。

（　　　　）組が（　　　　）人多い

④ 「その他」は、数が多くてもいちばんさいごに書きます。なぜですか。

（　　　　　　　　　　　　　　　　　　　　　　　　　　　　　　）

３年生のまとめ　①

月　　　日　　名前　　　　　　　　　　　　　　　　　　　　　/100点

1 次の計算をしましょう。　　　　　　　　　　　　　　　（1問5点）

① 8×0　　　　　　　② 4×10

③ 15÷3　　　　　　 ④ 24÷6

⑤ 54÷9　　　　　　 ⑥ 9÷5

⑦ 38÷7　　　　　　 ⑧ 47÷6

2 次の ☐ にあてはまる数を書きましょう。　　　　　　（1問5点）

① 100秒 = ☐ 分 ☐ 秒

② 1km = ☐ m

③ 1020m = ☐ km ☐ m

3 次の計算をしましょう。　　　　　　　　　　　　　　　（1問5点）

```
①   2 6 2        ②   3 0 4        ③   2 7 8 0
  + 1 5 9          - 2 3 8          +   4 6 6
```

4 ともみさんは、25分バスに乗って午前11時10分に動物園に着きました。バスに乗った時こくは何時何分ですか。 （10点）

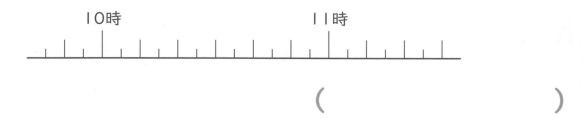

10時　　　　　　　　11時

(　　　　　　　　　　　)

5 658円の筆箱を買って、1000円はらいました。

おつりはいくらになりますか。

（式5点、答え5点）

式

答え＿＿＿＿＿＿＿＿＿＿

6 29このまんじゅうを1皿に6こずつのせます。

全部のまんじゅうを皿にのせるには、皿は何まいいりますか。

（式5点、答え5点）

式

答え＿＿＿＿＿＿＿＿＿＿

3年生のまとめ　②

月　　日　　名前　　　　　　　　　　　　　　/100点

1 （　）にあてはまる数を書きましょう。 （1問5点）

① 1000を560こ集めた数は （　　　　　　　　）です。

② 100万を7こと10万を3こあわせた数は、

（　　　　　　　　　）です。

③ 1.8は、1と（　　　　　）をあわせた数です。

④ 6.5は、0.1を（　　　　　）こ集めた数です。

⑤ 5kg30g＝（　　　　　　　）g

⑥ 2t＝（　　　　　　）kg

2 次の計算をしましょう。 （1問5点）

①
```
    2 3
×     7
```

②
```
    5 9
×     5
```

③
```
  5 0 8
×     8
```

3 図を見て答えましょう。 （（　）1つ5点）

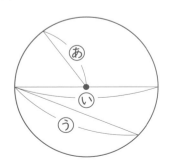

① 円の半径、直径はそれぞれどれですか。

半径（　　　）　直径（　　　）

② 半径が4cmのとき、直径は何cmですか。

（　　　　　　）

4 次の計算をしましょう。　　　　　　　　　　　　　　　　（1問5点）

① $\dfrac{2}{5} + \dfrac{1}{5}$　　　　　　　　② $\dfrac{2}{9} + \dfrac{7}{9}$

③ $\dfrac{3}{7} - \dfrac{2}{7}$　　　　　　　　④ $1 - \dfrac{3}{8}$

5 1本128円のジュースを4本買います。
代金はいくらになりますか。　　（式5点、答え5点）

式

答え _____

6 お湯がポットに2L入っていました。1.2L使い
ました。のこりは何Lになりましたか。

（式5点、答え5点）

式

答え _____

1 次の計算をしましょう。 （1問5点）

① □×8＝32　　→　□＝（　　　　）

② 50－□＝36　　→　□＝（　　　　）

③ □＋24＝71　　→　□＝（　　　　）

④ 18÷□＝3　　→　□＝（　　　　）

⑤
```
    1 6
  × 7 5
```

⑥
```
    8 6
  × 7 0
```

⑦
```
  2 0 4
  ×  3 8
```

2 ぼうグラフを見て答えましょう。 （1問5点）

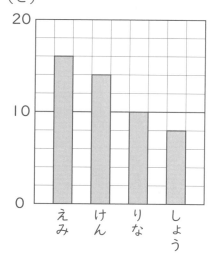

ひろったあきかんの数
（こ）

① グラフの1めもりは、何こですか。
（　　　　　　　　）

② けんさんは何こひろいましたか。
（　　　　　　　　）

③ いちばんたくさんひろったのはだれですか。
（　　　　　　　　）

④ えみさんのひろった数は、しょうさんのひろった数の何倍ですか。
（　　　　　　　　）

❸ 三角じょうぎについて答えましょう。

① ⑨の角と等しい角はどれですか。 (5点)

(　　　　　)

② ⑦と⑰では、どちらの角が大きいですか。 (5点)

(　　　　　)

③ ⓐの⑦と⑦の2つの角の大きさは同じです。何という三角形であるといえますか。 (10点)

(　　　　　)

❹ あやのさんはおり紙を何まいか持っていました。弟に16まいあげたので、のこりが51まいになりました。

① 図の [　] にあてはまる数を書きましょう。 (5点)

持っていた 　□まい

あげた 16まい　　のこり [　　　] まい

② はじめに持っていたまい数を□として式に表し、答えをもとめましょう。 (式5点、答え5点)

式

答え _____

❺ 1本76円のジュースを12本買いました。代金はいくらになりますか。 (式5点、答え5点)

式

答え _____

学力の基礎をきたえどの子も伸ばす研究会

HPアドレス　http://gakuryoku.info/

常任委員長　岸本ひとみ
事務局　〒675-0032 加古川市加古川町備後178-1-2-102 岸本ひとみ方・Fax 0794-26-5133

① めざすもの

　私たちは、すべての子どもたちが、日本国憲法と子どもの権利条約の精神に基づき、確かな学力の形成を通して豊かな人格の発達が保障され、民主平和の日本の主権者として成長することを願っています。しかし、発達の基盤ともいうべき学力の基礎を鍛えられないまま落ちこぼれている子どもたちが普遍化し、「荒れ」の情況があちこちで出てきています。

　私たちは、「見える学力、見えない学力」を共に養うこと、すなわち、基礎の学習をやり遂げさせることと、読書やいろいろな体験を積むことを通して、子どもたちが「自信と誇りとやる気」を持てるようになると考えています。

　私たちは、人格の発達が歪められている情況の中で、それを克服し、子どもたちが豊かに成長するような実践に挑戦します。

　そのために、つぎのような研究と活動を進めていきます。

　　① 「読み・書き・計算」を基軸とした学力の基礎をきたえる実践の創造と普及。
　　② 豊かで確かな学力づくりと子どもを励ます指導と評価の探究。
　　③ 特別な力量や経験がなくても、その気になれば「いつでも・どこでも・だれでも」ができる実践の普及。
　　④ 子どもの発達を軸とした父母・国民・他の民間教育団体との協力、共同。

　私たちの実践が、大多数の教職員や父母・国民の方々に支持され、大きな教育運動になるよう地道な努力を継続していきます。

② 会　　　員

・本会の「めざすもの」を認め、会費を納入する人は、会員になることができる。
・会費は、年4000円とし、7月末までに納入すること。①または②

①郵便振替　口座番号　00920-9-319769　名　　称　学力の基礎をきたえどの子も伸ばす研究会	②ゆうちょ銀行　店番099　店名〇九九店　当座0319769

・特典　研究会をする場合、講師派遣の補助を受けることができる。
　　　　大会参加費の割引を受けることができる。
　　　　学力研ニュース、研究会などの案内を無料で送付してもらうことができる。
　　　　自分の実践を学力研ニュースなどに発表することができる。
　　　　研究の部会を作り、会場費などの補助を受けることができる。
　　　　地域サークルを作り、会場費の補助を受けることができる。

③ 活　　　動

全国家庭塾連絡会と協力して以下の活動を行う。
　・全 国 大 会　全国の研究、実践の交流、深化をはかる場とし、年1回開催する。通常、夏に行う。
　・地域別集会　地域の研究、実践の交流、深化をはかる場とし、年1回開催する。
　・合宿研究会　研究、実践をさらに深化するために行う。
　・地域サークル　日常の研究、実践の交流、深化の場であり、本会の基本活動である。
　　　　　　　　　可能な限り月1回の月例会を行う。
　・全国キャラバン　地域の要請に基づいて講師派遣をする。

全 国 家 庭 塾 連 絡 会

① めざすもの

　私たちは、日本国憲法と教育基本法の精神に基づき、すべての子どもたちが確かな学力と豊かな人格を身につけて、わが国の主権者として成長することを願っています。しかし、わが子も含めて、能力があるにもかかわらず、必要な学力が身につかないままになっている子どもたちがたくさんいることに心を痛めています。

　私たちは学力研が追究している教育活動に学びながら、「全国家庭塾連絡会」を結成しました。

　この会は、わが子に家庭学習の習慣化を促すことを主な活動内容とする家庭塾運動の交流と普及を目的としています。

　私たちの試みが、多くの父母や教職員、市民の方々に支持され、地域に根ざした大きな運動になるよう学力研と連携しながら努力を継続していきます。

② 会　　　員

　本会の「めざすもの」を認め、会費を納入する人は会員になれる。
　会費は年額1500円とし（団体加入は年額3000円）、8月末までに納入する。
　会員は会報や連絡交流会の案内、学力研集会の情報などをもらえる。

事務局　〒564-0041 大阪府吹田市泉町4-29-13 影浦邦子方　☎・Fax 06-6380-0420
郵便振替　口座番号　00900-1-109969　　名称　全国家庭塾連絡会

テスト式！点数アップドリル 算数 小学3年生

2024年7月10日　第1刷発行

●著者／根無　信行
●編集／金井　敬之
●発行者／面屋　洋
●発行所／清風堂書店
　〒530-0057　大阪市北区曽根崎 2-11-16
　TEL ／ 06-6316-1460

●印刷／尼崎印刷株式会社
●製本／株式会社高廣製本
●デザイン／美濃企画株式会社
●制作担当編集／青木　圭子
●企画／フォーラム・A
●HP ／ http://www.seifudo.co.jp/

※乱丁・落丁本は、お取り替えいたします。

＊本書は、2022年1月にフォーラム・Aから刊行したものを改訂しました。

テスト式！

点数アップドリル　算数

3年生
答え

ピィすけの
アドバイスつき！

チェック＆ゲーム
かけ算のきまり

1	2	4	5	3	6	8	10	30	11
10	20	11	12	14	5	18	29	33	28
13	17	9	22	19	17	14	30	12	31
19	27	14	23	10	16	10	13	15	32
30	24	12	18	3	12	6	9	21	24
16	10	30	17	19	13	11	30	16	17
11	23	33	14	9	10	22	36	19	10
22	16	18	19	20	17	11	15	14	13
40	41	21	42	30	24	39	30	5	10

答え　あ

---

p. 8-9　かけ算のきまり 🐾○○（やさしい）

1 あ 2　　い 56

2
① $8 \times 0 = 0$
② $0 \times 0 = 0$
③ $0 \times 7 = 0$
④ $4 \times 10 = 40$
⑤ $10 \times 8 = 80$
⑥ $10 \times 0 = 0$

3
① $8 \times 5 = 40$
② $3 \times 7 = 21$
③ $4 \times 4 = 16$
④ $9 \times 6 = 54$

4
① $3 \times 9 = 9 \times 3$
② $6 \times 5 = 5 \times 6$
③ $3 \times 8 = 3 \times 7 + 3$
④ $4 \times 3 = 4 \times 4 - 4$

---

5 式 $10 \times 7 = 70$

答え　70円

---

p. 10-11　かけ算のきまり ○🐾○（まあまあ）

1
① あ 40　　い 5
　 う 20　　え 60
② あ

2
① $6 \times 0 = 0$
② $0 \times 5 = 0$
③ $0 \times 0 = 0$
④ $8 \times 10 = 80$
⑤ $10 \times 9 = 90$
⑥ $14 \times 0 = 0$

3
① $8 \times 7 = 56$
② $7 \times 4 = 28$
③ $0 \times 4 = 0$
④ $7 \times 6 = 42$

4
① $4 \times 6 = 6 \times 4$
② $7 \times 9 = 9 \times 7$
③ $5 \times 8 = 5 \times 7 + 5$
④ $9 \times 8 = 9 \times 9 - 9$

5 式 $6 \times 10 = 60$

答え　60cm

__かけ算のきまり__ 🌱🌼🌻（ちょいムズ）

1 ① あ ㋐ 50　　㋑ 3

　　　　　　㋒ 5　　　㋓ 65

　　　い 13＋13＋13＋13＋13＝65

②

○○○○○○
○○○○○○
○○○○○○
○○○○○○
○○○○○○
──────
○○○○○○
○○○○○○

2 ① 2×0＝0

② 0×5＝0

③ 9×10＝90

④ 10×7＝70

3 ① 9×7＝63

② 8×9＝72

③ 10×5＝50

④ 6×8＝48

4 ① 12×5＝8×5＋4×5

② 5×9＝5×8＋5

③ 8×8＝8×9－8

④ 4×9は、5×9より9小さい。

⑤ 8×10は、8×9より8大きい。

5 式　10×8＝80

　　　（80mm＝8cm）

　　　　　　　　　　　　答え　8cm

🎀 __チェック＆ゲーム__ 🎀

時こくと時間

👑1 ① 7分

② おくれている

👑2

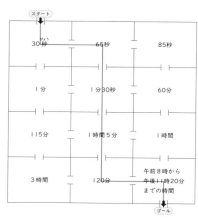

ピィすけ★アドバイス

1分＝60秒、

1時間＝60分をもとに、時間のた

んいをそろえてくらべよう！

__時こくと時間__ 🌻🌱🌱（やさしい）

1 ① 60秒

② 1分20秒

2 ① 分

② 時間

③ 秒

3 ① 40分（間）

② 1時間50分（110分（間））

③ 15分（間）

4 ① 3時50分
② 2時30分（2時半）

5 ① 午後3時30分（3時半）
② 35分（間）
③ 午前11時10分

p. 18-19 時こくと時間 （まあまあ）

1 ① 60秒
② 2分10秒

2 ① 分（間）
② 時間
③ 秒（間）

3 ① 5時20分
② 3時40分

4 ① 45分（間）
② 2時間20分（140分（間））

5 ① 25分（間）
② 45分（間）
③ 4時間20分

6 ① 午前8時25分
② 1時間20分
③ 午前9時30分（午前9時半）

p. 20-21 時こくと時間 （ちょいムズ）

1 ① 120秒
② 3分50秒
③ 75分

2 ① 時間
② 秒（間）
③ 分（間）

3 ① 10時10分
② 7時30分（7時半）

4 ① 午前8時35分
② 午後3時57分

5 ① 70分（間）（1時間10分）
② 2時間30分（2時間半）

6 ① 午後4時5分
② 1時間40分
③ 午前8時50分
④ 午前11時3分

p. 22-23 チェック＆ゲーム

わり算

1 ㋑

2

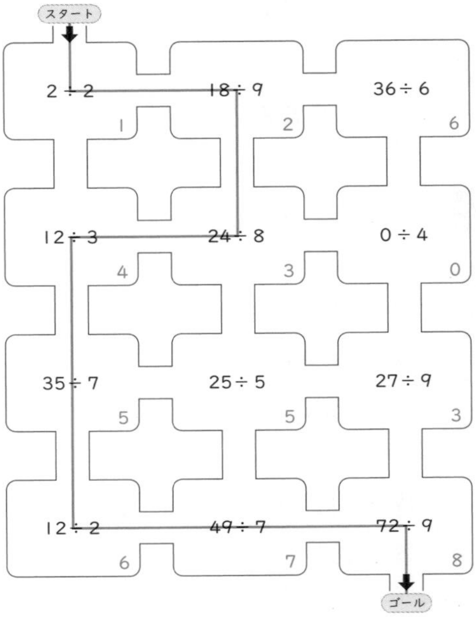

わり算 🐾♡♡ （やさしい）

1 ① （上からじゅんに）5、3

② 5のだん

③ 15÷5＝3

2 8×7＝56

3 ① 4÷2＝2

② 12÷3＝4

③ 30÷6＝5

④ 64÷8＝8

⑤ 9÷1＝9

⑥ 0÷7＝0

⑦ 5÷5＝1

4 式 20÷4＝5

答え　5こ

5 式 45÷5＝9

答え　9つ（9たば）

わり算 ♡🐾♡ （まあまあ）

1 ① 6のだん

② 9のだん

2 ① 6÷3＝2

② 28÷4＝7

③ 40÷8＝5

④ 56÷7＝8

⑤ 49÷7＝7

⑥ 8÷1＝8

⑦ 5÷5＝1

⑧ 0÷6＝0

3 ⓐ 6×9＝54

ⓘ 9×5＝45

4 式 30÷6＝5

答え　5本

5 式 72÷8＝9

答え　9つ（9たば）

6 ⓐ、ⓒ

┌─ **ピィすけ★アドバイス**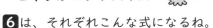

6は、それぞれこんな式になるね。

ⓐ 12÷4

ⓘ 4×12

ⓒ 12÷4

ⓔ 12－4

わり算 ♡♡🐾 （ちょいムズ）

1 ① 8のだん

② 7のだん

2 ① 56÷8＝7

② 28÷7＝4

③ 30÷6＝5

④ 63÷9＝7

⑤ 42÷7＝6

⑥ 6÷6＝1

⑦ 10÷1＝10

⑧ 0÷5＝0

⑨ 48÷2＝24

⑩ 90÷3＝30

3 ㋐ $48 \div 8 = 6$

〈たしかめ〉 $8 \times 6 = 48$

㋑ $72 \div 9 = 8$

〈たしかめ〉 $9 \times 8 = 72$

4 式 $36 \div 6 = 6$

答え 6こ

5 式 $54 \div 9 = 6$

答え 6つ（6たば）

6 式 $40 \div 5 = 8$

答え 8人

7 ① ㋐ 35 ㋑ 7

㋒ 1人分

② ㋐ 35 ㋑ 7

㋒ 何人

p. 30-31 **チェック＆ゲーム**
たし算とひき算の筆算

👑**1** ★＝7 ♥＝6 ◆＝4

♠＝5 ♣＝0

👑**2** 〈答え〉

① 600 ② 631 ③ 285

④ 777 ⑤ 366

〈言葉〉 きもだめし

p. 32-33 **たし算とひき算の筆算**

🐾❀❀（やさしい）

1 ㋐ ＋ ㋑ 1

㋒ 5 ㋓ 452

2 ① $\begin{array}{r}235\\+614\\\hline 849\end{array}$ ② $\begin{array}{r}416\\+279\\\hline 695\end{array}$ ③ $\begin{array}{r}3560\\+\ \ 439\\\hline 3999\end{array}$

④ $\begin{array}{r}734\\-421\\\hline 313\end{array}$ ⑤ $\begin{array}{r}193\\-\ \ 89\\\hline 104\end{array}$ ⑥ $\begin{array}{r}9680\\-5345\\\hline 4335\end{array}$

3 ① ○

② 1060

4 式 $145 + 203 = 348$

答え 348まい

5 式 $520 - 270 = 250$

答え 250円

p. 34-35 **たし算とひき算の筆算**

❀🐾❀（まあまあ）

1 ㋐ 1 ㋑ 12

㋒ 4 ㋓ 5

㋔ 1 ㋕ 141

2 ① $\begin{array}{r}245\\+631\\\hline 876\end{array}$ ② $\begin{array}{r}716\\+289\\\hline 1005\end{array}$ ③ $\begin{array}{r}3560\\+\ \ 449\\\hline 4009\end{array}$

④ $\begin{array}{r}534\\-512\\\hline 22\end{array}$ ⑤ $\begin{array}{r}706\\-189\\\hline 517\end{array}$ ⑥ $\begin{array}{r}6003\\-4755\\\hline 1248\end{array}$

3 ① ○

② 2050

4 式 $3560 + 5930 = 9490$

答え 9490人

5 式 $1000 - 384 = 616$

答え 616円

6 式　703−572＝131

答え　B町が131人多い

p.36-37　たし算とひき算の筆算

🌸🌸🐾 （ちょいムズ）

1
① 174+671
```
  174
+ 671
  845
```
② 94+728
```
   94
+ 728
  822
```
③ 478+559
```
  478
+ 559
 1037
```

④ 643−373
```
  ⁵6⁴43
−  373
   270
```
⑤ 306−257
```
  3²0⁹6
−  257
    49
```
⑥ 9999−6472
```
  9999
− 6472
  3527
```

⑦ 306+2534
```
   306
+ 2534
  2840
```
⑧ 7308−679
```
  7²30⁹8
−   679
   6629
```

2
① 8023
② ○

3 式　2350+5692+200＝8242

答え　8242人

4 式　148+256＝404
500−404＝96

答え　96円

5 式　500−157＝343
350−343＝7

答え　7円

※500−350＝150
157−150＝7　も正かいです。

ピィすけ★アドバイス

5 は、「おまけしてくれたおつり」の350円と、「じっさいのおつり」の343円のちがいがおまけ分だから、350−343になるね。

p.38-39　チェック＆ゲーム

👑 長さ

1

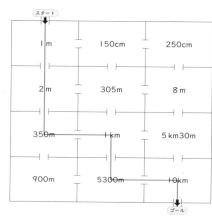

	スタート	
1m	150cm	250cm
2m	305m	8m
350m	1km	5km30m
900m	5300m	10km
	ゴール	

2 ⑤

※道のり
あ　3600m
⑤　4000m
⑤　3400m

p.40-41　長さ 🐾🌸🌸 （やさしい）

1
① 道のり
② きょり

2
① 6m30cm
② 7m5cm

3 ① m
② km
③ mm

4 ⓘ

5 ① 1000m
② 1 km500m

6 ① 900m
② 式　600m＋500m＝1100m
答え　1100m、1 km100m

┌─────────────────────────────┐
ピィすけ★アドバイス

4の「こしのまわり」のように、ま
るいものの長さはまきじゃくを使う
とはかれるよ！
1 mより長いものも、まきじゃくを
使うといいね。
└─────────────────────────────┘

p. 42-43　**長さ** ✿✿✿ （まあまあ）

1 ① 6 m35cm
② 7 m 8 cm

2 ① cm
② km
③ mm

3 ⓘ、ⓔ

4 ① ⓐ 3　ⓘ 2　ⓤ 1
② ⓐ 1　ⓘ 2　ⓤ 3

5 ① 3000m
② 1 km50m
③ 803cm

6 ① 1200m、1 km200m
② 式　700m＋900m＝1600m
（1600m＝1 km600m）
答え　1 km600m
③ 式　1600m－1200m＝400m
答え　400m

p. 44-45　**長さ** ✿✿✿ （ちょいムズ）

1 ① m
② km
③ cm

2 ① 4 km80m
② 1 km270m
③ 5020m
④ 18m 8 cm

3 ① ⓐ 1
ⓘ 3
ⓤ 2
② ⓐ 3
ⓘ 2
ⓤ 1

4 ① 式　1300m＋800m＝2100m

　　　　　　　答え　2100m

② 式　2100m－1050m＝1050m

　　　（1050m＝1km50m）

　　　　　　　答え　1050m、1km50m

③ 式　〈コンビニ〉

　　　　600m＋900m＝1500m

　　　　2100m－1500m＝600m

　　答え　パン屋を通る方が600m長い

p.46-47 **チェック＆ゲーム**

あまりのあるわり算

 答え　みかん

※54÷7のみあまりが出ます。

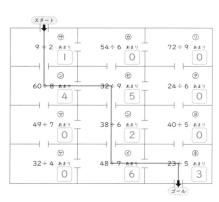

文字をならべると…サンネンセイ

p.48-49 **あまりのあるわり算**

（やさしい）

1 ① ○　　② ×

③ ×　　④ ○

2 ① 7÷2＝3あまり1

② 9÷4＝2あまり1

③ 13÷4＝3あまり1

④ 17÷5＝3あまり2

⑤ 31÷6＝5あまり1

⑥ 45÷7＝6あまり3

⑦ 69÷8＝8あまり5

⑧ 42÷9＝4あまり6

⑨ 56÷6＝9あまり2

⑩ 65÷7＝9あまり2

3 ① 4×6＋2＝26

② 7×8＋3＝59

4 式　28÷5＝5あまり3

　　　答え　1人分は5こで3こあまる

5 式　35÷4＝8あまり3

　　　答え　8ふくろできて3こあまる

ピィすけ★アドバイス

1は、「わられる数」が「わる数」の
だんの九九にあればわり切れるね。
たとえば、「28」は「7」のだんの九
九にあるよね！

あまりのあるわり算

○😶○ （まあまあ）

1 ① $8 \div 3 = 2$ あまり 2

② $11 \div 5 = 2$ あまり 1

③ $29 \div 4 = 7$ あまり 1

④ $44 \div 6 = 7$ あまり 2

⑤ $38 \div 8 = 4$ あまり 6

⑥ $31 \div 9 = 3$ あまり 4

⑦ $23 \div 6 = 3$ あまり 5

⑧ $62 \div 9 = 6$ あまり 8

2 ① ○

② 6 あまり 1

3 ① $9 \times 5 + 6 = 51$

② $8 \times 3 + 5 = 29$

4 式 $21 \div 4 = 5$ あまり 1

答え　1人分は5こで1こあまる

5 式 $70 \div 9 = 7$ あまり 7

答え　7本できて7cmあまる

6 式 $60 \div 7 = 8$ あまり 4

$8 + 1 = 9$

答え　9はい

ピィすけ★アドバイス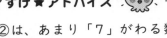

2の②は、あまり「7」がわる数「6」より大きくなっているよ。

6は、8ぱいではまだ足りないから、答えは9はいだね。

あまりのあるわり算

○○😶 （ちょいムズ）

1 ① $9 \div 2 = 4$ あまり 1

② $13 \div 2 = 6$ あまり 1

③ $42 \div 9 = 4$ あまり 6

④ $50 \div 7 = 7$ あまり 1

⑤ $41 \div 6 = 6$ あまり 5

⑥ $61 \div 7 = 8$ あまり 5

⑦ $74 \div 9 = 8$ あまり 2

⑧ $52 \div 6 = 8$ あまり 4

⑨ $5 \div 8 = 0$ あまり 5

⑩ $41 \div 7 = 5$ あまり 6

2 ① 2 あまり 5

② ○

3 ① $7 \times 3 + 4 = 25$

② $8 \times 9 + 6 = 78$

4 ① 式 $32 \div 6 = 5$ あまり 2

答え　1人分は5こで2こあまる

② 4こ

5 式 $37 \div 5 = 7$ あまり 2

$7 + 1 = 8$

答え　8まい

6 ① （じゅんに）あまり、わる数

② 7 あまり 1

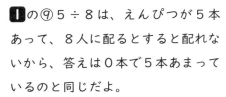

ピィすけ★アドバイス

1の⑨5÷8は、えんぴつが5本あって、8人に配るとすると配れないから、答えは0本で5本あまっているのと同じだよ。

5は、37÷5＝7あまり2だから、あまった2こをのせるには、お皿がもう1まいいるね。

6は、43÷6＝6あまり7の43は「わられる数」、÷6の6は「わる数」だよ。あまりが7ということはまだ6でわれるね。あまり＜わる数とおぼえておこう。

p.54-55 **チェック＆ゲーム**

10000より大きい数

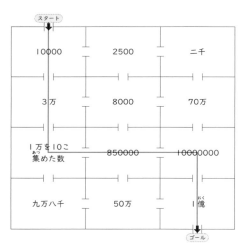

①	86	メニュー…ハム
②	343	メニュー…さしみ
③	29	メニュー…にく
④	832	メニュー…はちみつ

p.56-57 **10000より大きい数**

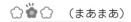 （やさしい）

1
① 23541
② 2
③ 1000（千）

2
⑧ 6700万
⑩ 7900万

3
① 74543
② 2580600
③ 57000
④ 100000000

4
① 87000 ＞ 78000
② 890万 ＜ 900万

5
① 8300
② 25800
③ 5
④ 20

p.58-59 **10000より大きい数**

（まあまあ）

1
① 37128
② 90461000
③ 5700000
④ 99999999

2
① 20000＋60000 ＜ 90000
② 800万 ＜ 400万＋500万

3

① (260万)

4
① 250000 (25万)
② 38000
③ (じゅんに) 5、8

5
① 72万＋45万＝117万
② 104万－95万＝9万
③ 562×100＝56200
④ 7000÷10＝700

6
① 6000
② 907000
③ 400000 (40万)
④ 73000

p.60-61 **10000より大きい数**

☆☆🌑 （ちょいムズ）

1
① 23805
② 60400700
③ 580000
④ 100000000
⑤ 305000
⑥ 4600000

2
① 435201 ＞ 99876
② 1億 ＞ 10000000

3
あ 7900万
い 9100万
う 1億100万

4
① 31000
② 84000
③ 99000000 （9900万）

5 式 470000＋150000＝620000
答え 620000人

6
① あ
② 〈れい〉一万の位の数と千の位の数
は同じで、百の位の数は、あ
の方が大きいから。

p.62-63 **チェック＆ゲーム**
1けたをかける かけ算の筆算

👑 ① りす
② たぬき
③ ねずみ
④ ぞう

👑 ① ぞう
② ねずみ
③ たぬき
④ りす

p.64-65 **1けたをかける かけ算の筆算**

🐾☆☆ （やさしい）

1 あ 3　　い 3
う 3　　え 45

13

2
① $40 \times 2 = 80$
② $30 \times 7 = 210$
③ $60 \times 5 = 300$
④ $800 \times 6 = 4800$
⑤ $400 \times 4 = 1600$
⑥ $900 \times 3 = 2700$

3

① 2 1	② 1 2	③ 3 8
× 3	× 7	× 7
6 3	8 4	2 6 6

④ 3 2 5	⑤ 9 3 8	⑥ 8 0 6
× 3	× 2	× 3
9 7 5	1 8 7 6	2 4 1 8

4 式 $350 \times 3 = 1050$

答え　1050円

---

p.66-67 **1けたをかけるかけ算の筆算**

☆🌸☆ （まあまあ）

1
① $30 \times 4 = 120$
② $300 \times 5 = 1500$

2

① 5 4	② 2 5	③ 6 1 4
× 3	× 8	× 3
1 6 2	2 0 0	1 8 4 2

④ 4 0 6	⑤ 2 3 6	⑥ 9 5 8
× 4	× 5	× 9
1 6 2 4	1 1 8 0	8 6 2 2

3
① 38×6　　　② 708×6

3 8	7 0 8
× 6	× 6
2 2 8	4 2 4 8

4 ① ⑤　　② ⑥　　③ ⑧

5 式 $270 \times 4 = 1080$

答え　1080cm

---

6 式 $248 \times 3 = 744$

答え　744m

---

p.68-69 **1けたをかけるかけ算の筆算**

☆☆🌸 （ちょいムズ）

1

① 7 8	② 4 9	③ 6 5
× 6	× 9	× 2
4 6 8	4 4 1	1 3 0

④ 2 2 4	⑤ 5 0 4	⑥ 8 4 6
× 7	× 8	× 9
1 5 6 8	4 0 3 2	7 6 1 4

2
① 79×6　② 235×4　③ 340×5

7 9	2 3 5	3 4 0
× 6	× 4	× 5
4 7 4	9 4 0	1 7 0 0

3
① ⑧ 10　　　⑥ 3840
② ⑧ 100　　⑥ 700

4
① 538
② 7

5
（じゅんに）十、0、0
正しい答え…2406

6 式 $63 \times 5 = 315$
$315 + 110 = 425$
$1000 - 425 = 575$

答え　575円

7 式 $250 \times 4 = 1000$

答え　1000mL

ピィすけ★アドバイス

6は、63×5の答えと110をたした数が買ったものの代金になるね。
7は、「160」はここでは使わないから注意してね！

3
① 中心
② 半径（半けい）
③ 直径（直けい）
④ 円

4

※答えの図はちぢめています。

5
① 5cm
② 式 5×5＝25

答え 25cm

---

p. 70-71 **チェック＆ゲーム**

円と球

 くま

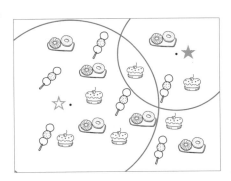

おやつ…㋒

---

p. 72-73 **円と球** 🐾⚪⚪ （やさしい）

1
① 中心
② 半径（半けい）
③ 直径（直けい）
④ 2

2

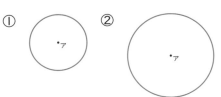

※答えの図はちぢめています。

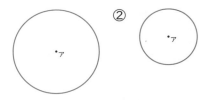

ピィすけ★アドバイス

2は、半径（はんけい）の長さにコンパスを開くと円がかけるね！

---

p. 74-75 **円と球** 🐾🐾⚪ （まあまあ）

1
① ㋐ 中心
㋑ 半径（半けい）
㋒ 直径（直けい）
② 2倍

2
① ㋐ 中心
㋑ 半径（半けい）
㋒ 直径（直けい）
② 円

3
①　　　　②

※答えの図はちぢめています。

4 ※答えはしょうりゃくしています。

〈かき方〉

①

円をかく。

②

• にコンパスの
はりをさして、
半径２cmの円
をかく。

5　ⓐ（　）

⎯⎯⎯⎯⎯⎯⎯⎯⎯⎯⎯⎯

　ⓘ（〇）

⎯⎯⎯⎯⎯⎯⎯⎯⎯⎯⎯⎯

※答えの図はちぢめています。

6　10cm

7　ⓐ　12cm

　ⓘ　18cm

┌─────────────────────────┐
│ **ピィすけ★アドバイス**
│
│ **7**は、直径６cmのボールが１こで
│ ６cm、２こで12cmと考えられる
│ ね。
│ ⓐは６（cm）×２（こ）で12cm、
│ ⓘは６（cm）×３（こ）で18cmだね。
└─────────────────────────┘

p.76-77　**円と球**　🌼🌼🐾　（ちょいムズ）

1　①　ⓐ

　②　ⓘ

2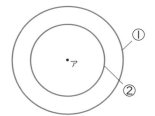

※答えの図はちぢめています。

3 ※答えはしょうりゃくしています。

〈かき方のれい〉

①

円をかく。

②

• にコンパスの
はりをさして、
半径２cmの円
をかく。

③

• にコンパスのはりをさして、
半径２cmの円をかく。

4　9cm

5　①　4cm

　②　8cm

6　①　8cm

　②　4cm

7　ⓐ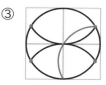

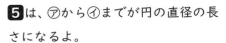

ピィすけ★アドバイス

5は、⑦から⑦までが円の直径の長さになるよ。

6は、円が3つ入っているから、24÷3をすると小さな円1つ分の直径になるね。半径はその半分の長さだよ。

7は、⑤を中心にした半径3cmの円、⑥を中心にした2cmの円をコンパスでかいて、交わったところが答えだよ。

p. 78-79

チェック＆ゲーム

小数

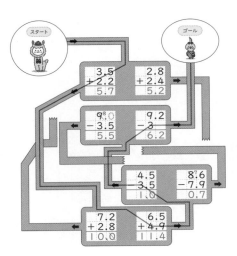

㋙	5.3
㋛	4.5
㋑	1.5
㋢	0.5
㋜	3.2

言葉…レイテンゴ

---

p. 80-81　**小数**　🐾☆☆　（やさしい）

1　1.6L

2　⑤　0.1　　⑥　1.5

3　①　3
　　　②　2.8
　　　③　1

4　①　0.3 ＜ 0.5
　　　②　7.1 ＜ 8.3

5　①　0.5＋0.2＝0.7
　　　②　0.3＋0.7＝1
　　　③　0.8－0.5＝0.3
　　　④　1.6－0.4＝1.2

6　①
```
  3.1
 +2.7
  5.8
```
②
```
   5
 +4.7
  9.7
```
③
```
  1.7
 -0.8
  0.9
```
④
```
  8.5
 -4
  4.5
```

7　①　赤のテープ
　　　②　式　2.8－1.3＝1.5

　　　　　　　　　　答え　1.5m

p. 82-83　**小数**　🐾🐾☆　（まあまあ）

1　2.8L

2　⑤　0.3　　⑥　0.9
　　　⑦　1.8　　⑧　2.6

3 ① 23

② 7.4

4 ① $0.7 > 0.5$　② $7.2 > 6.3$

③ $5 < 5.1$

5 ① $0.3 + 0.8 = 1.1$

② $0.4 + 0.6 = 1$

③ $0.9 - 0.5 = 0.4$

④ $1.8 - 0.9 = 0.9$

6 ① $6.3 + 2.8$　　② $4 + 1.6$

```
  6.3          4
+ 2.8       + 1.6
-----       -----
  9.1         5.6
```

③ $5.4 - 1.9$　　④ $7 - 4.2$

```
  5.4         7.0
- 1.9       - 4.2
-----       -----
  3.5         2.8
```

7 式　$3 - 1.7 = 1.3$

答え　1.3L

ピィすけ★アドバイス

小数の計算を筆算でするときは、位（くらい）をそろえよう！

小数点をそろえると位がそろうよ。

p.84-85　**小数** ♡♡♥（ちょいムズ）

1 ① 1.7dL　② 0.4dL

2 ⑧ 0.8cm　⑩ 7.1cm

3 ① 0.9

② 62

③ （じゅんに）4、4

④ 0.3

4 ① $1.4 + 0.7 = 2.1$

② $2.6 + 1.4 = 4$

③ $1.5 - 0.9 = 0.6$

④ $12.8 - 0.7 = 12.1$

5 ① $2.8 + 7.5$

```
   2.8
 + 7.5
------
 10.3
```

② $3 + 5.4$

```
   3
 + 5.4
------
   8.4
```

③ $12.5 - 7.6$

```
  12.5
 -  7.6
------
   4.9
```

④ $2 - 1.8$

```
   2.0
 - 1.8
------
   0.2
```

6 ① 式　$2.4 + 1.7 = 4.1$

答え　4.1m

② 式　$2.4 - 1.7 = 0.7$

答え　0.7m

チェック & ゲーム

重さ

 いぬ

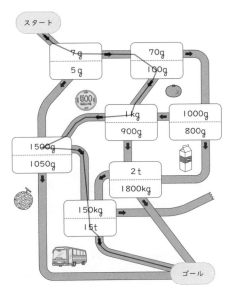

ピィすけ★アドバイス

 のさるが言っていることは、
「1000倍」なら正しいよ。

p. 88-89　**重さ** ♨♡♡（やさしい）

1　① グラム
　　② キログラム
　　③ トン

2　① 1000　　② 1600

3　① g
　　② kg
　　③ t
　　④ g
　　⑤ t

4　① ⓘ
　　② ⓐ

5　① 500g＋200g＝700g
　　② 940g－310g＝630g
　　③ 500g＋500g＝1000g（1kg）
　　④ 1kg20g－1kg＝20g

6　式　100g＋500g＝600g

　　　　　　　　　答え　600g

p. 90-91　**重さ** ♧❀♧（まあまあ）

1　① 1000g
　　② 5g
　　③ 460g

2　① 1000　　② 2700
　　③ 3000

3　① g
　　② g
　　③ t
　　④ kg

4　① 880g
　　② 1kg650g（1650g）

5
① $500g + 170g = 670g$

② $840g - 320g = 520g$

③ $700g + 300g = 1000g（1 kg）$

④ $1 kg - 100g = 1000g - 100g$
$= 900g$

6 式 $240g × 5 = 1200g$
$1200g + 80g = 1280g$

答え　1280g

7 式 $28kg700g - 22kg600g$
$= 6 kg100g$

答え　6 kg100g

p.92-93　**重さ** ○○🐾（ちょいムズ）

1
① 580g

② 1100g（1 kg100g）

2
① 3600

② （じゅんに）1、80

③ 4060

④ 12

3
① g

② t

③ kg

④ g

4
① $500g + 700g = 1200g$
（1 kg200g）

② $940g - 380g = 560g$

③ $400kg + 800kg = 1200kg$
（1 t200kg）

④ $2 kg - 100g = 2000g - 100g$
$= 1900g$
（1 kg900g）

5
① mL

② km

6 式 $31kg400g - 29kg = 2kg400g$

答え　2kg400g

7 式 $1200kg - 900kg = 300kg$

答え　300kg

p.94-95　**チェック＆ゲーム**

分数

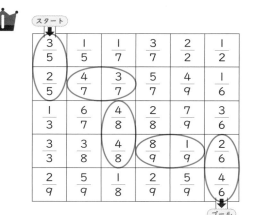

2 〈計算の答え〉

① $\dfrac{3}{5}$　② 1　③ $\dfrac{4}{5}$

④ $\dfrac{1}{7}$　⑤ $\dfrac{3}{7}$

言葉…おにごっこ

p. 96-97 **分数** 🐾🌼🌼 （やさしい）

1

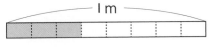

※3つ分ぬれていれば正かいです。

2 ① $\dfrac{2}{5}$dL　② $\dfrac{7}{10}$dL

3 あ $\dfrac{1}{5}$　い $\dfrac{4}{5}$

4 ① $\dfrac{5}{6}$

　　② $\dfrac{1}{5}$

5 ① $\dfrac{1}{4} < \dfrac{2}{4}$

　　② $\dfrac{1}{10} > 0$

　　③ $1 > \dfrac{6}{7}$

6 ① $\dfrac{2}{5} + \dfrac{2}{5} = \dfrac{4}{5}$

　　② $\dfrac{2}{6} + \dfrac{3}{6} = \dfrac{5}{6}$

　　③ $\dfrac{2}{3} - \dfrac{1}{3} = \dfrac{1}{3}$

　　④ $\dfrac{8}{9} - \dfrac{1}{9} = \dfrac{7}{9}$

7 ① オレンジジュース

　　② 式 $\dfrac{7}{8} - \dfrac{5}{8} = \dfrac{2}{8}$

　　　　　　　　答え $\dfrac{2}{8}$L

p. 98-99 **分数** 🌼🐾🌼 （まあまあ）

1 ① $\dfrac{5}{6}$m

　　② $\dfrac{2}{4}$L

　　③ $\dfrac{1}{10}$dL

2 あ $\dfrac{1}{7}$　い $\dfrac{6}{7}$

3 ① $\dfrac{3}{9}$

　　② $\dfrac{1}{8}$

　　③ 8

4 ① $\dfrac{6}{8} > \dfrac{5}{8}$

　　② $1 = \dfrac{9}{9}$

　　③ $0 < \dfrac{1}{8}$

　　④ $0.7 = \dfrac{7}{10}$

5 ① $\dfrac{5}{9} + \dfrac{2}{9} = \dfrac{7}{9}$

　　② $\dfrac{2}{6} + \dfrac{4}{6} = \dfrac{6}{6}$

　　　　　　　 $= 1$

　　③ $\dfrac{4}{5} - \dfrac{1}{5} = \dfrac{3}{5}$

　　④ $1 - \dfrac{4}{7} = \dfrac{7}{7} - \dfrac{4}{7}$

　　　　　　　 $= \dfrac{3}{7}$

6 式 $\dfrac{1}{4} + \dfrac{3}{4} = \dfrac{4}{4}$

$= 1$

答え　1 m

7 式 $1 - \dfrac{2}{3} = \dfrac{3}{3} - \dfrac{2}{3}$

$= \dfrac{1}{3}$

答え　牛にゅうが $\dfrac{1}{3}$ L多い

p.100-101　**分数** ✿✿🐾 （ちょいムズ）

1 ① $\dfrac{1}{5}$ km

② $\dfrac{5}{8}$ m

③ $\dfrac{7}{5}$ dL

2 ① $\dfrac{10}{9}$

② 7

③ $\dfrac{5}{6}$

3 あ $\dfrac{4}{8}$　　い $\dfrac{10}{8}$

4 ① $0.2 < \dfrac{12}{10}$

② $0.4 > \dfrac{3}{10}$

5 ① $\dfrac{2}{9} + \dfrac{3}{9} = \dfrac{5}{9}$

② $\dfrac{1}{8} + \dfrac{5}{8} = \dfrac{6}{8}$

③ $\dfrac{2}{7} + \dfrac{5}{7} = \dfrac{7}{7}$

$= 1$

④ $\dfrac{6}{7} - \dfrac{2}{7} = \dfrac{4}{7}$

⑤ $1 - \dfrac{7}{10} = \dfrac{10}{10} - \dfrac{7}{10}$

$= \dfrac{3}{10}$

⑥ $1 - \dfrac{1}{4} = \dfrac{4}{4} - \dfrac{1}{4}$

$= \dfrac{3}{4}$

6 式 $1 - \dfrac{3}{7} - \dfrac{1}{7} = \dfrac{7}{7} - \dfrac{3}{7} - \dfrac{1}{7}$

$= \dfrac{3}{7}$

答え　$\dfrac{3}{7}$ m

7 式 $1 - \dfrac{7}{9} = \dfrac{9}{9} - \dfrac{7}{9}$

$= \dfrac{2}{9}$

答え　$\dfrac{2}{9}$ km

チェック＆ゲーム

□を使った式

👑1

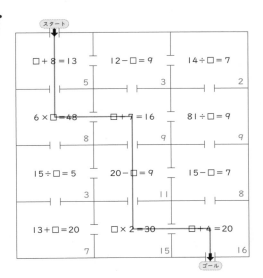

スタート

□＋8＝13	12－□＝9	14÷□＝7
5	3	2
6×□＝48	□＋7＝16	81÷□＝9
8	9	9
15÷□＝5	20－□＝9	15－□＝7
3	11	8
13＋□＝20	□×2＝30	□＋4＝20
7	15	16

ゴール

👑2
① ╳ □×5＝30
② ╳ □－5＝30
③ ╳ 30÷□＝5
④ ╳ 5＋□＝30

p. 104-105 **□を使った式** 👣☆☆（やさしい）

1
① （じゅんに）もらった数、全部の数
② 式　□＋6＝14
③ ひき算
④ 8まい

2
① 6
② 19
③ 5
④ 8

3 式　20－□＝12

4
①

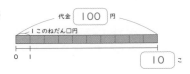

代金 100 円

1このねだん□円

0 1   10 こ

② 式　□×10＝100
③ 10円

p. 106-107 **□を使った式** ☆👣☆（まあまあ）

1
① ⓘ
② 式　120＋□＝320
③ 200（円）

2
① 24
② 83
③ 8
④ 7

3
①

持っていた　□まい

あげた 13 まい　のこり 46 まい

② 式　□－13＝46
③ 59まい

4 式　12÷□＝4
　　　　12÷4＝3

答え　3びき

p. 108-109 **□を使った式** ☆☆👣（ちょいムズ）

1
①

（ 全部 ）（540）mL

（はじめ）（360）mL　（くわえた）（ □ ）mL

② 式　360＋□＝540
　　　540－360＝180

答え　180mL

2 式 □−675＝250

675＋250＝925

答え　925円

3 ① 16

② 195

③ 85

④ 8

⑤ 7

⑥ 70

4 式 □×4＝36

36÷4＝9

答え　9本

5 式 48÷□＝8

48÷8＝6

答え　6本

p.110-111 **チェック＆ゲーム**

2けたをかけるかけ算の筆算

 ねこ

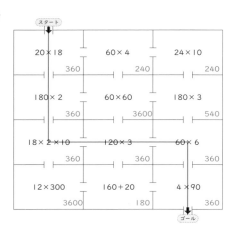

20×18	60×4	24×10
360	240	240
180×2	60×60	180×3
360	3600	540
18×2×10	120×3	60×6
360	360	360
12×300	160＋20	4×90
3600	180	360

スタート／ゴール

---

p.112-113 **2けたをかけるかけ算の筆算**

🌸☆☆（やさしい）

1 20

2 ① 3×20＝60

② 5×60＝300

③ 80×70＝5600

④ 25×10＝250

3 ① ○　　② 21359

4

```
 ①  2 3      ②  3 0      ③   5 7
 × 1 2      × 5 4      × 8 3
   4 6       1 2 0       1 7 1
 2 3       1 5 0       4 5 6
 2 7 6     1 6 2 0     4 7 3 1
```

```
 ④ 1 4 2     ⑤ 3 0 9     ⑥   2 0 4
 ×   6 2     ×   2 1     ×   8 5
   2 8 4       3 0 9       1 0 2 0
 8 5 2       6 1 8       1 6 3 2
 8 8 0 4     6 4 8 9     1 7 3 4 0
```

5 式 53×24＝1272

答え　1272円

---

p.114-115 **2けたをかけるかけ算の筆算**

☆🌸☆（まあまあ）

1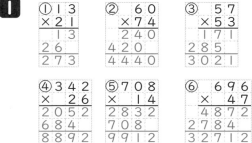

```
 ① 1 3      ②  6 0      ③   5 7
 × 2 1      × 7 4      × 5 3
   1 3       2 4 0       1 7 1
 2 6       4 2 0       2 8 5
 2 7 3     4 4 4 0     3 0 2 1
```

```
 ④ 3 4 2     ⑤ 7 0 8     ⑥   6 9 6
 ×   2 6     ×   1 4     ×   4 7
 2 0 5 2     2 8 3 2     4 8 7 2
 6 8 4       7 0 8       2 7 8 4
 8 8 9 2     9 9 1 2     3 2 7 1 2
```

2 ① 57×40

```
    5 7
  ×4 0
2 2 8 0
```

② 23×706

```
    7 0 6
  ×  2 3
  2 1 1 8
1 4 1 2
1 6 2 3 8
```

3 ① 9×80＝720

② 20×44＝880

4 ① （じゅんに）2、448

② 10

5 式 310×49＝15190

答え　15190円

6 式 58×12＝696

1000−696＝304

答え　304円

ピィすけ★アドバイス

2の①は、0の計算をはぶくと楽に計算できるね。
②は、かけられる数とかける数を入れかえると計算しやすいよ。

---

p.116-117 **2けたをかけるかけ算の筆算**

🌸🌸🐾 （ちょいムズ）

1 ① 14×20＝280

② 25×30＝750

③
```
    5 6
  ×2 4
  2 2 4
1 1 2
1 3 4 4
```

④
```
    9 4
  ×8 2
  1 8 8
7 5 2
7 7 0 8
```

⑤
```
    7 5
  ×3 8
  6 0 0
2 2 5
2 8 5 0
```

⑥
```
  2 2 9
  ×  3 6
  1 3 7 4
6 8 7
8 2 4 4
```

⑦
```
  2 0 3
  ×  4 8
  1 6 2 4
8 1 2
9 7 4 4
```

⑧
```
    8 6 7
  ×    5 9
  7 8 0 3
4 3 3 5
5 1 1 5 3
```

2 ① 504×30

```
    5 0 4
  ×  3 0
1 5 1 2 0
```

② 32×804

```
      8 0 4
  ×    3 2
  1 6 0 8
2 4 1 2
2 5 7 2 8
```

3 ＋

正しい答え…31755

4 ① 10

② 33

5 式 12×3＝36

36×23＝828

答え　828cm

6 式 4×13＝52

52＋2＝54

54×16＝864

答え　864まい

25

6は、トランプのマークは4しゅるいだから 4×13＝52 で、それにジョーカー2まいをたした54まいが1セットのまい数だね！

---

p.118-119 **チェック＆ゲーム**

倍の計算

 ① ⓘ

② ⓐ

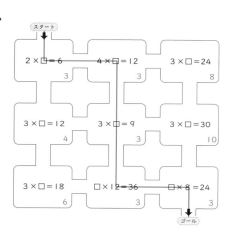

---

p.120-121 **倍の計算** （まあまあ）

1 ① 15

② 3

③ 12

2 ① 式 □×6＝48

② 式 48÷6＝8

答え　8cm

3 式 21÷7＝3

答え　3倍

---

4 式 5×8＝40

答え　40kg

5 ① 8cm

② 3倍

ピィすけ★アドバイス

5の①は 4（cm）×2（倍）で8cm ともとめられるね。

②は、24÷8 でもとめられるよ。

---

p.122-123 **チェック＆ゲーム**

三角形と角

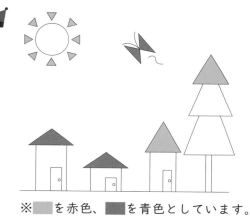

※ ▨ を赤色、▨ を青色としています。

2

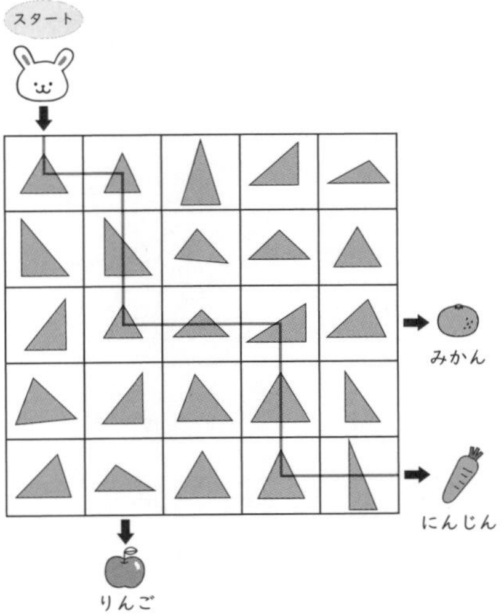

答え　にんじん

p. 124-125 **三角形と角**（やさしい）

1　あ　ちょう点　　い　角

2　① 二等辺三角形
② 正三角形

3　あ→う→い

4

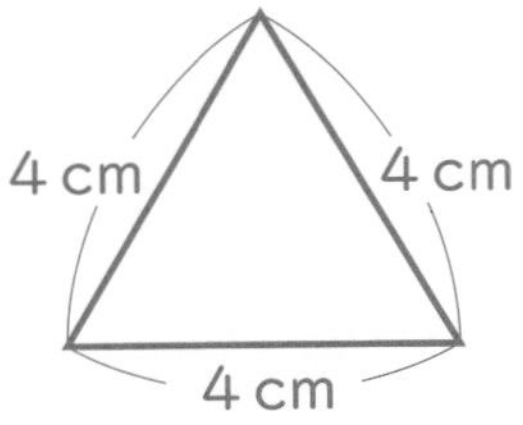

※答えの図はちぢめています。

5　① う、え
② あ、き
※じゅんばんがちがっても正かいです。

6　① 4 cm
② イ

p. 126-127 **三角形と角**（まあまあ）

1　① あ、お
② う、か
※じゅんばんがちがっても正かいです。

2　①　②

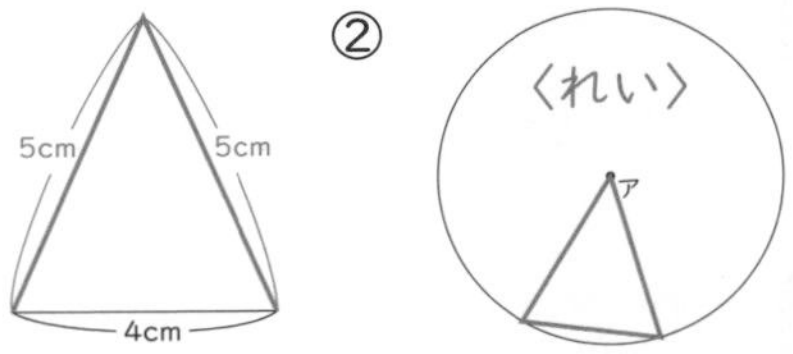

※答えの図はちぢめています。

3　① 3 cm
② ウ

4　① イ
② キ

5　① 二等辺三角形
② 8 cm

ピィすけ★アドバイス

2の②は、円の中心から半径（はんけい）を２本かいて、三角形になるようにつなぐとかけるよ。

p. 128-129 **三角形と角**（ちょいムズ）

1　① 5 cm
② キ

2 ① 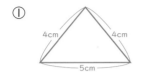   ②

※答えの図はちぢめています。

3　あ　二等辺三角形
　　　　い　正三角形

4　①　い
　　　　②　あ

5　①　二等辺三角形
　　　　②　4cm

ピィすけ★アドバイス

2の②は、まずアの
点から1本線をひい
て、右の図のような
じゅんばんでかくと
いいね！半径の長さが3cmだから、
2も3cmになるようにかこう。コ
ンパスを使ってかいてもいいね。
4のうは、6cm、1cm、1cmで同じ
長さのひごが2本あるけど、1cm
では短すぎて三角形にならないよ。

---

p.130-131 **チェック＆ゲーム**
ぼうグラフと表

　① 多い
　　　② たんい
　　　③ 表題
　　　④ さいご
　　　⑤ ねこ

記号を入れると…ぼうグラフ

p.132-133 **ぼうグラフと表** ✿❀❀（やさしい）

1　あ　8　　い　5

2　① 表題
　　　② い
　　　③ 5人
　　　④ りんご
　　　⑤ 2倍

3

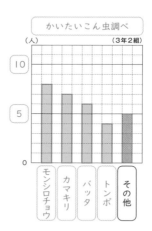

p.134-135 **ぼうグラフと表** ❀✿❀（まあまあ）

1　① カレーライス
　　　② 8人
　　　③ 2倍

2

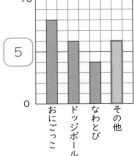

すきな遊び調べ

3 ① 木

② 15分（間）

③ ⓘ

4 ① ⓐ 28　ⓘ 9

　　 ⓤ 12　ⓔ 55

② ⓐ

p.136-137 **ぼうグラフと表** ✿✿🐾（ちょいムズ）

１

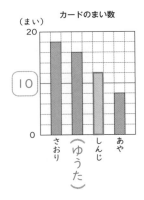

カードのまい数

2 ① ⓐ 6　　ⓘ 2

　　 ⓤ 20　　ⓔ 60

② 〈れい〉

　　 4、5、6月のけがの合計の数

3 ① ⓘ

② ⓐ

③ 2組が2人多い

④ 〈れい〉

　　 その他は、えらんだ人が少なかった
　　 スポーツをあわせたものだから。

p.138-139 **3年生のまとめ ①**

１ ① $8 \times 0 = 0$

② $4 \times 10 = 40$

③ $15 \div 3 = 5$

④ $24 \div 6 = 4$

⑤ $54 \div 9 = 6$

⑥ $9 \div 5 = 1$ あまり 4

⑦ $38 \div 7 = 5$ あまり 3

⑧ $47 \div 6 = 7$ あまり 5

2 ① 1分40秒

② 1000m

③ 1km20m

3 ①
$$\begin{array}{r} 262 \\ + 159 \\ \hline 421 \end{array}$$
②
$$\begin{array}{r} 3\overset{2}{\cancel{0}}4 \\ - 238 \\ \hline 66 \end{array}$$
③
$$\begin{array}{r} 2780 \\ + 466 \\ \hline 3246 \end{array}$$

4 午前10時45分

5 式　$1000 - 658 = 342$

　　　　　　　　　　　答え　342円

6 式　$29 \div 6 = 4$ あまり 5

　　　$4 + 1 = 5$

　　　　　　　　　　　答え　5まい

29

3年生のまとめ ②

Ⅰ
① 560000（56万）
② 730万（7300000）
③ 0.8
④ 65
⑤ 5030
⑥ 2000

2
①
```
   2 3
×    7
─────
 1 6 1
```
②
```
   5 9
×    5
─────
 2 9 5
```
③
```
   5 0 8
×      8
───────
 4 0 6 4
```

3
① 半径 　あ
　 直径 　い
② 8 cm

4
① $\dfrac{2}{5} + \dfrac{1}{5} = \dfrac{3}{5}$
② $\dfrac{2}{9} + \dfrac{7}{9} = \dfrac{9}{9}$
　　　　　　$= 1$
③ $\dfrac{3}{7} - \dfrac{2}{7} = \dfrac{1}{7}$
④ $1 - \dfrac{3}{8} = \dfrac{8}{8} - \dfrac{3}{8}$
　　　　　　$= \dfrac{5}{8}$

5 式　$128 \times 4 = 512$
　　　　　　　　答え　512円

6 式　$2 - 1.2 = 0.8$
　　　　　　　　答え　0.8L

3年生のまとめ ③

Ⅰ
① 4
② 14
③ 47
④ 6
⑤
```
     1 6
×    7 5
───────
     8 0
 1 1 2
───────
 1 2 0 0
```
⑥
```
     8 6
×    7 0
───────
 6 0 2 0
```
⑦
```
     2 0 4
×      3 8
─────────
 1 6 3 2
   6 1 2
─────────
 7 7 5 2
```

2
① 2こ
② 14こ
③ えみさん
④ 2倍

3
① ㋒
② ㋑
③ 二等辺三角形

4
① 51
② 式　□－16＝51
　　　 16＋51＝67
　　　　　　　　　　答え　67まい

5 式　$76 \times 12 = 912$
　　　　　　　　答え　912円